"十二五"普通高等教育本科国家级规划教材配套教材

# 大学计算机实践教程

## (第6版)(少课时)

主　编　蒋加伏　关培超
副主编　严　冰　唐建宇
主　审　何炎祥

北京邮电大学出版社
·北京·

## 内容简介

本书是《大学计算机》(第6版)(少课时)的配套实验教材,用于辅助教师实践教学,也可以帮助学生自学。

本书分为5个部分,主要内容包括操作系统、文字处理、电子表格、演示文稿、网络信息检索与信息发布。各用书学校可根据教学对象的水平和实验条件合理取舍。每个实验均以案例的方式介绍,并按零起点设计,适合自学。

本书针对课时较少的“大学计算机”课程(如16 ~ 24课时)进行编写,内容安排合理,侧重应用能力的培养。

**图书在版编目(CIP)数据**

大学计算机实践教程:少课时 / 蒋加伏,关培超主编. -- 6版. -- 北京:北京邮电大学出版社,2024.

ISBN 978-7-5635-7294-6

Ⅰ. TP3

中国国家版本馆CIP数据核字第20246RM808号

**策划编辑:** 许 飞 **责任编辑:** 向 蕾 **封面设计:** 春天书装

**出版发行:** 北京邮电大学出版社
**社　　址:** 北京市海淀区西土城路10号(100876)
**电话传真:** 010-82333010 62282185(发行部) 010-82333009 62283578(传真)
**网　　址:** www.buptpress3.com
**电子信箱:** buptpress3@163.com
**经　　销:** 各地新华书店
**印　　刷:** 三河市骏杰印刷有限公司
**开　　本:** 787 mm×1 092 mm 1/16
**印　　张:** 7
**字　　数:** 167千字
**版　　次:** 2003年8月第1版 2024年8月第6版
**印　　次:** 2024年8月第1次印刷

ISBN 978-7-5635-7294-6 定价:29.00元

# 前言

PREFACE

“大学计算机”是高等学校基于中学信息技术教育水平不断提升这一背景，在近年开设的一门非计算机专业的计算机公共基础课程，课程内容比较系统和稳定。编者针对目前高校新生计算机基础水平逐年提高、“大学计算机”课时有所减少的现状编写了本书，旨在帮助高等学校师生在较少的课时内，更高效地完成“大学计算机”课程的教学任务。

全书共分 5 个部分。第 1 部分的主要内容包括 Windows 10 基本操作、Windows 10 文件管理、Windows 10 实用工具和 Windows 10 高级设置。第 2 部分的主要内容包括文档输入及编辑、Word 2016 文档排版、Word 2016 表格制作及对象操作。第 3 部分的主要内容包括电子表格基本操作、Excel 2016 数据管理和 Excel 2016 综合设计实验。第 4 部分的主要内容为演示文稿的制作与编辑。第 5 部分的主要内容包括因特网信息查询与网页文件保存、期刊论文检索与文档格式转换、编写 HTML 网页。

本书由蒋加伏、关培超担任主编，由严冰、唐建宇担任副主编，由何炎祥担任主审。苏文章、杨玉梅构思并设计了全套书在线课程教学资源的结构与配置，赵梅、张展华编辑了教学资源的内容，范茹婷、邓凡参与了微课的录制及后期处理，马双武审查了全书配套的在线课程教学资源，李敏提供了版式和装帧设计方案。在此一并感谢。

在党的二十大报告提出的“加强教材建设和管理”精神的指引下，本次改版时，编者再次对全书进行了检查和梳理。

由于编者水平有限，加之时间仓促，对新生计算机基础知识和基本技能的把握难免有不足之处，书中疏漏与不当之处，请读者批评指正，以便再版时修订。

编者

2024年4月

# 目录
CONTENTS

# 第1部分

# 操 作 系 统

## 实验1　Windows 10 基本操作

### 实验目的

- 掌握桌面图标的个性化设置和快捷方式图标的创建方法。
- 掌握对任务栏进行自定义的方法。
- 掌握在“开始”菜单上调整显示项目的方法。

### 基础实验

【实验1–1】 管理桌面图标。

将图标放在桌面上，用户可以快速访问经常使用的程序、文件和文件夹，但过多的桌面图标会使桌面显得凌乱而影响工作效率。用户可以随时添加或删除桌面图标。

实验要求

（1）将“计算机”“回收站”“用户的文件”“控制面板”“网络”等图标全部添加到桌面。

（2）为 Word 排版软件创建桌面快捷方式图标。

（3）删除桌面上的任意一个图标。

操作步骤

1.“个性化”设置

（1）右击桌面上的空白区域，打开快捷菜单，选择“个性化”命令，打开“个性化”设置窗口，选择左侧菜单中的“主题”，如图1–1所示。

图 1-1 “个性化”设置窗口

（2）在右边主题的相关设置中，找到并单击“桌面图标设置”链接，打开“桌面图标设置”对话框，如图 1-2 所示。勾选想要添加到桌面的图标的复选框，或取消勾选想要从桌面上删除的图标的复选框，然后单击“确定”按钮。

图 1-2 “桌面图标设置”对话框

2. 添加快捷方式图标

快捷方式图标是一个表示与某个项目链接的图标，而不是项目本身。双击快捷方式图标可以打开该项目。如果删除快捷方式图标，则只会删除该图标，不会删除原始项目。下面以添加 Word 快捷方式图标为例，介绍添加快捷方式图标的方法。

打开“此电脑”窗口，逐级进入“本地磁盘 (C:)”→“Program Files”→“Microsoft Office”→“root”→“Office16”。右击程序“WINWORD.EXE”，在弹出的快捷菜单中选择“发送到”→“桌面快捷方式”命令，如图 1–3 所示。回到桌面，就能找到刚刚创建的快捷方式图标了。

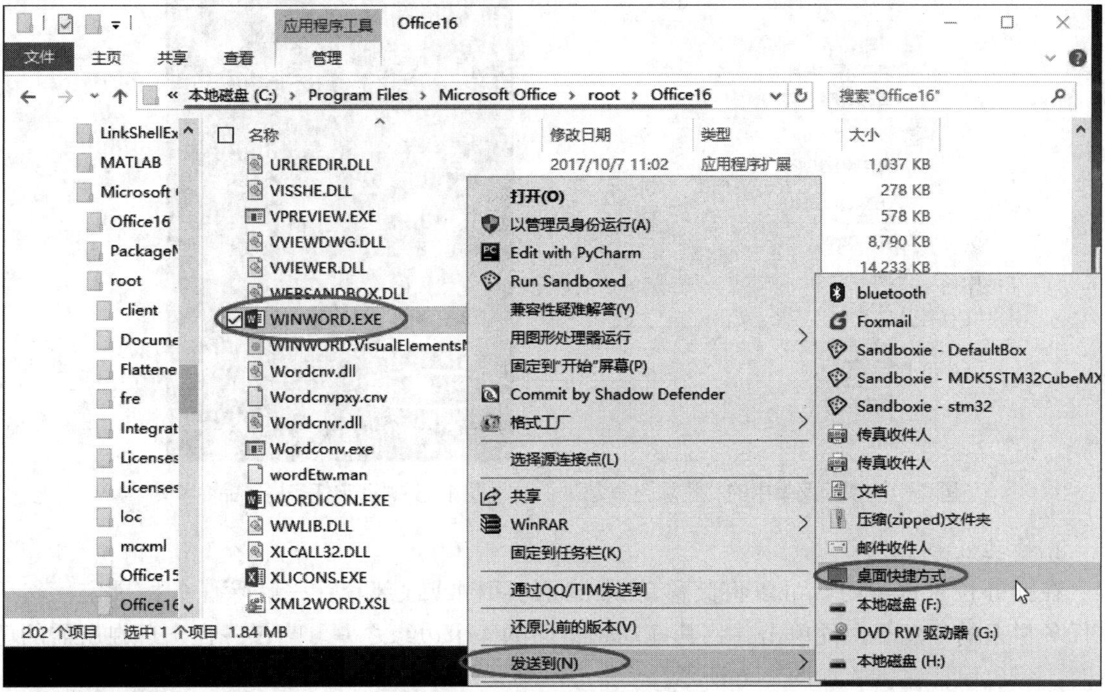

图1–3 创建快捷方式

3. 从桌面上删除图标

如果桌面上图标过多，除了桌面系统图标外，都可按以下方式进行删除：右击该图标，在弹出的快捷菜单中选择“删除”命令，如图 1–4 所示。

**注意：**如果要删除的图标是快捷方式图标，则只会删除该快捷方式，原始项目不会被删除；如果要删除的图标不是快捷方式图标，则删除的就是原始项目。

## 【实验 1–2】 自定义任务栏。

### 实验要求

（1）将任务栏先锁定，再解除锁定。

（2）将任务栏移动到桌面左侧。

（3）设置当任务栏已满时，合并任务栏按钮；将任务栏上的按钮设置为小任务栏按钮。

操作步骤

1. 锁定任务栏和解除锁定任务栏

（1）右击任务栏空白处，在弹出的快捷菜单中选择“锁定任务栏”命令，以便显示或取消复选标记“√”，如图1-5所示。

（2）若该命令前面有“√”，说明当前任务栏是锁定状态；若该命令前面没有“√”，说明当前任务栏是未锁定状态。

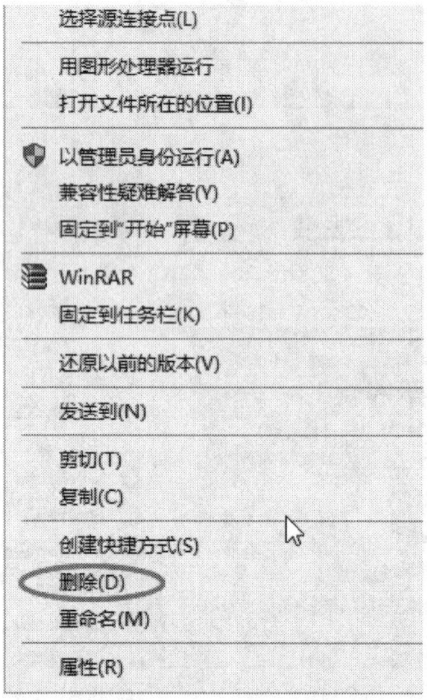


图1-4　快捷菜单中的“删除”命令

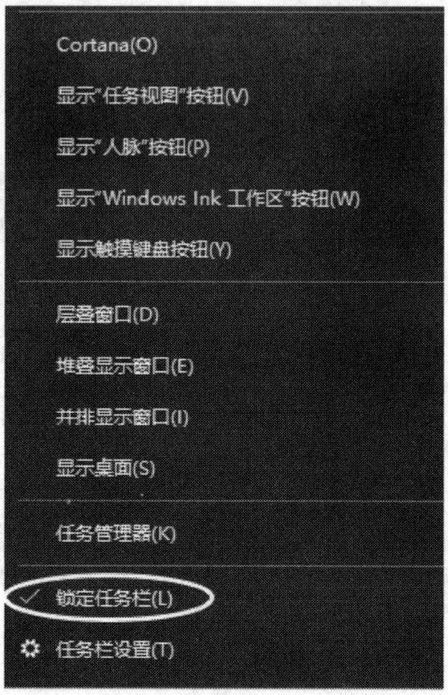


图1-5　“锁定任务栏”命令

2. 移动任务栏

在任务栏未锁定时，可以将其移动到桌面的两侧或顶部。首先解除任务栏锁定，然后在任务栏上的任意空白处单击并将其拖动到桌面的4个边缘之一。当任务栏出现在所需的位置时，释放鼠标左键，如图1-6所示。

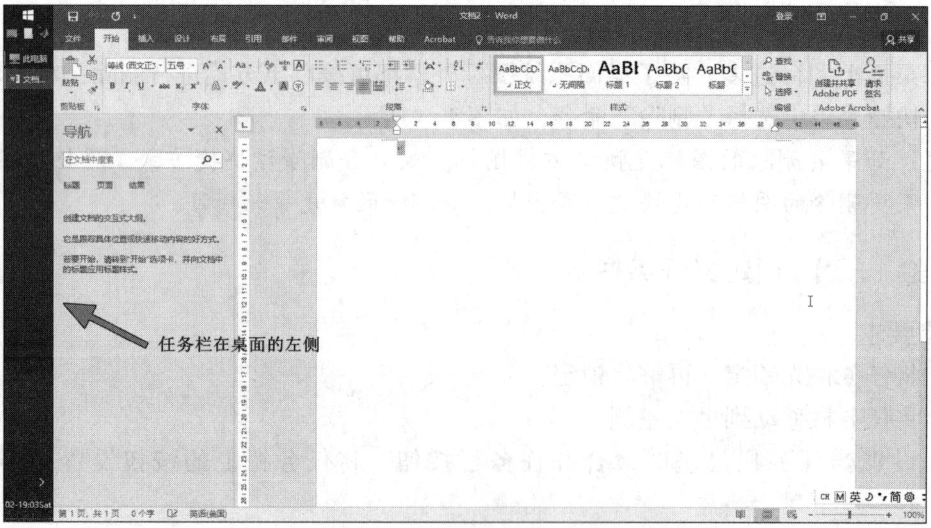


图1-6　将任务栏移动到桌面的左侧

3. 更改图标在任务栏上的显示方式

（1）用户可以自定义任务栏，包括图标的外观及打开多个项目时这些项目组合在一起的方式。右击任务栏的任意空白处，在弹出的快捷菜单中选择“任务栏设置”命令，打开“设置（任务栏）”窗口，如图 1-7 所示。

图 1-7　“设置（任务栏）”窗口

（2）在图 1-7 中的“合并任务栏按钮”选项下，可以从下拉列表框中选择以下 3 个选项之一。

①从不：将每个项目显示为一个有标签的图标，任务栏显示效果如图 1-8 所示。

图 1-8　设置为“从不”的任务栏显示效果

②始终合并按钮（默认设置）：将每个程序显示为一个无标签的图标，任务栏显示效果如图 1-9 所示。此时，每个程序显示为一个无标签的图标，即使打开某个程序的多个项目也是如此。

图 1-9　设置为“始终合并按钮”的任务栏显示效果

③任务栏已满时：将每个项目显示为一个有标签的图标，但当任务栏变得非常拥挤时，具有多个打开项目的程序将折叠成一个程序图标。

（3）若要减小任务显示区域和按钮大小，可打开图 1–7 中的“使用小任务栏按钮”开关。否则关闭该开关。

## 【实验 1–3】 设置“开始”菜单。

### 实验要求

（1）查看并调节“开始”菜单的设置选项。

（2）关闭“开始”菜单中的应用列表。

### 操作步骤

（1）右击桌面上的空白区域，打开快捷菜单，选择“个性化”命令，打开“个性化”设置窗口。选择窗口左侧菜单中的“开始”，进入到“开始”菜单设置界面，如图 1–10 所示。通过窗口中的选项，可自定义“开始”菜单。

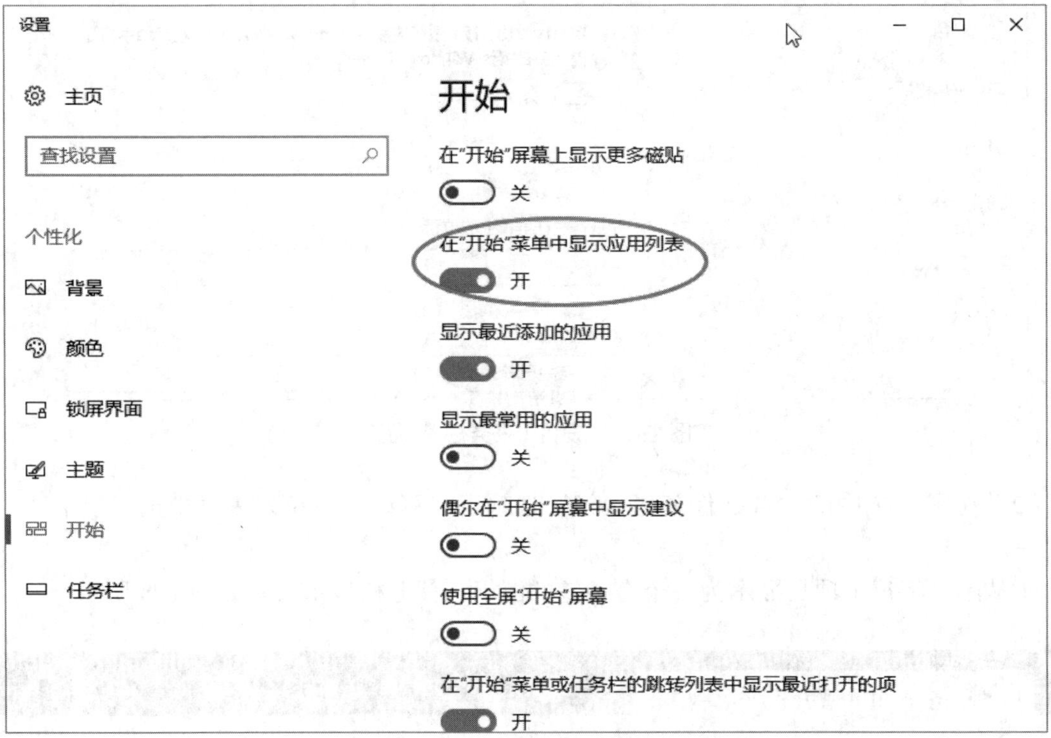


图 1–10 “开始”菜单设置界面

（2）在图 1–10 所示的界面中，可以调整各个开关，然后单击任务栏上的“开始”按钮，查看开关调整后带来的变化。例如，图 1–10 中的“在‘开始’菜单中显示应用列表”这一开关默认状态为打开。若单击此开关，则可将其关闭。关闭后，再单击任务栏上的“开始”按钮，会发现“开始”菜单中不显示应用列表，而是变成了图 1–11 所示的界面。

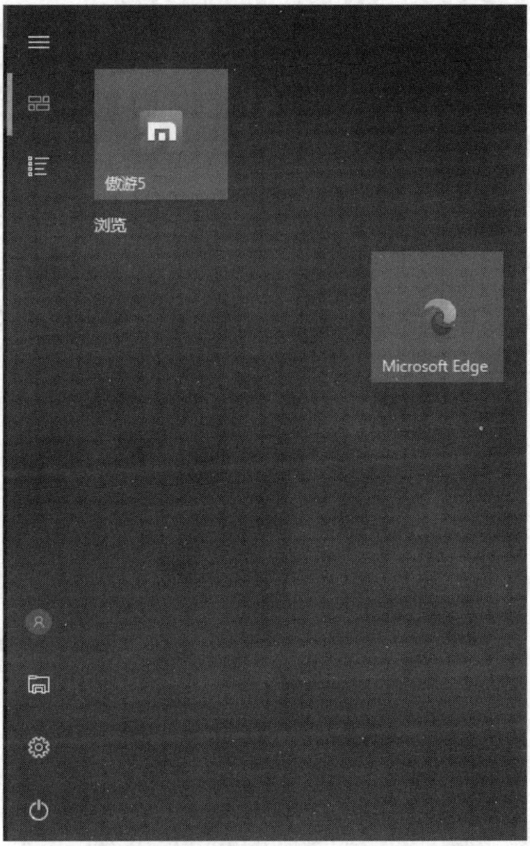


图 1-11 不显示应用列表的"开始"菜单

# 实验 2 Windows 10 文件管理

## 实验目的

- 理解和掌握计算机中的文件操作。
- 理解和掌握计算机中的文件夹操作。

## 一、基础实验

### 【实验 2-1】 文件管理操作。

为了使计算机中的文件存放得更加有条理，便于以后查看和使用，需要定期对文件进行整理。整理文件可以概括为 3 个步骤：首先创建分类文件夹，然后在计算机中查找要分类存放的零散文件，最后将各个文件分别移动到对应的文件夹中。

实验要求

（1）在 F 盘新建文件夹“资料汇总”，在其中新建子文件夹“公司文件”和“拍摄照片”。

（2）搜索出计算机中所有大小在 1 ～ 128 MB 之间的 JPEG 文件。

（3）在搜索出的图片文件中任选一部分，将其移动到“拍摄照片”文件夹中。

操作步骤

1. 新建文件夹

（1）对计算机中的文件进行分类前，首先需要在计算机的指定磁盘中新建分类文件夹，并分别设定分类文件夹的名称。文件夹可以嵌套使用，即可以在文件夹中继续新建子文件夹，如此更能清晰地划分出文件结构，无论是存储文件，还是浏览文件，都会更加直观。

（2）打开“此电脑”窗口，如图 1–12 所示，双击“本地磁盘 (F:)”图标，进入 F 盘。

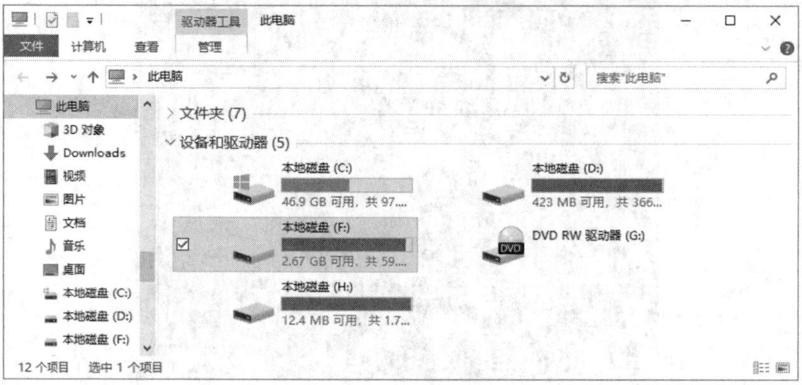

图 1–12 “此电脑”窗口

（3）在窗口上部的“主页”选项卡中单击“新建文件夹”按钮，新建一个空白文件夹，输入文件夹名称“资料汇总”，如图 1–13 所示。

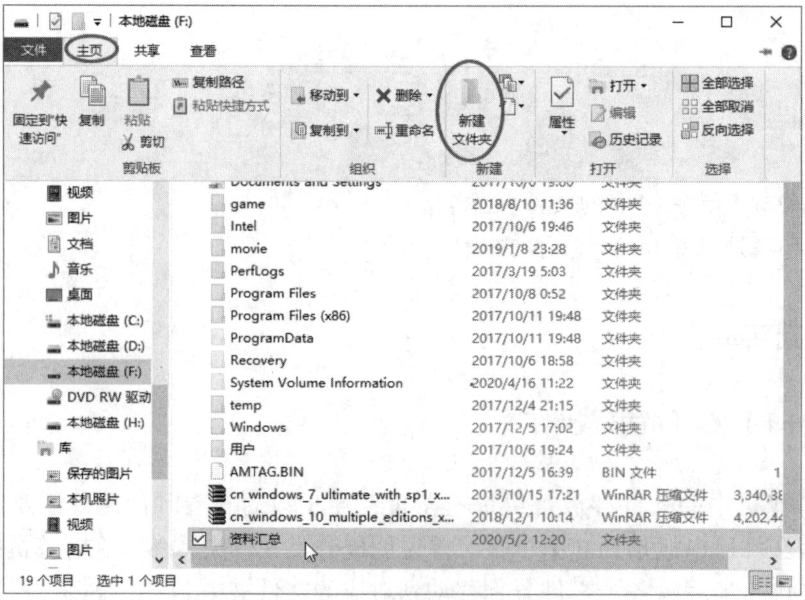

图 1–13 新建“资料汇总”文件夹

（4）双击“资料汇总”文件夹图标，进入文件夹窗口，再次新建一个空白文件夹，如图 1–14 所示。

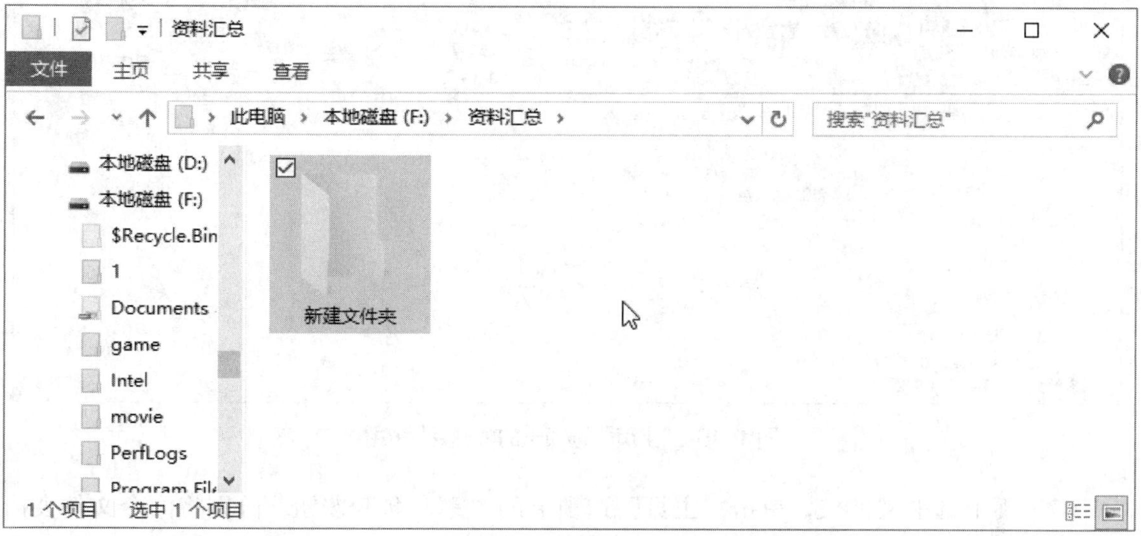


图 1–14　再次新建一个空白文件夹

（5）选中新建的空白文件夹，单击“主页”选项卡的“复制”按钮，如图 1–15 所示。

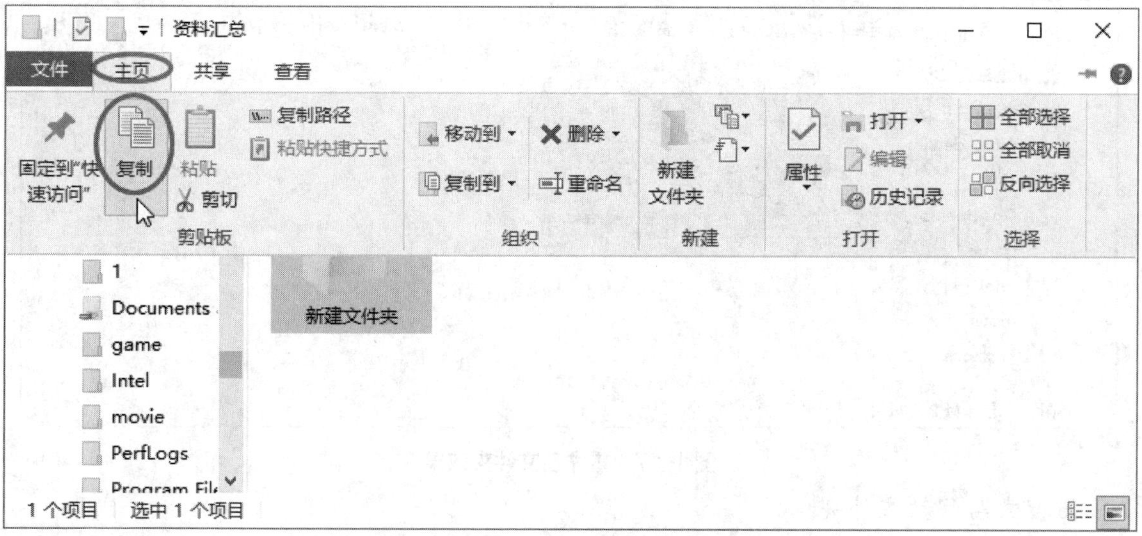


图 1–15　“主页”选项卡的“复制”按钮

（6）单击“主页”选项卡的“粘贴”按钮，如图 1–16 所示，复制一个文件夹副本。

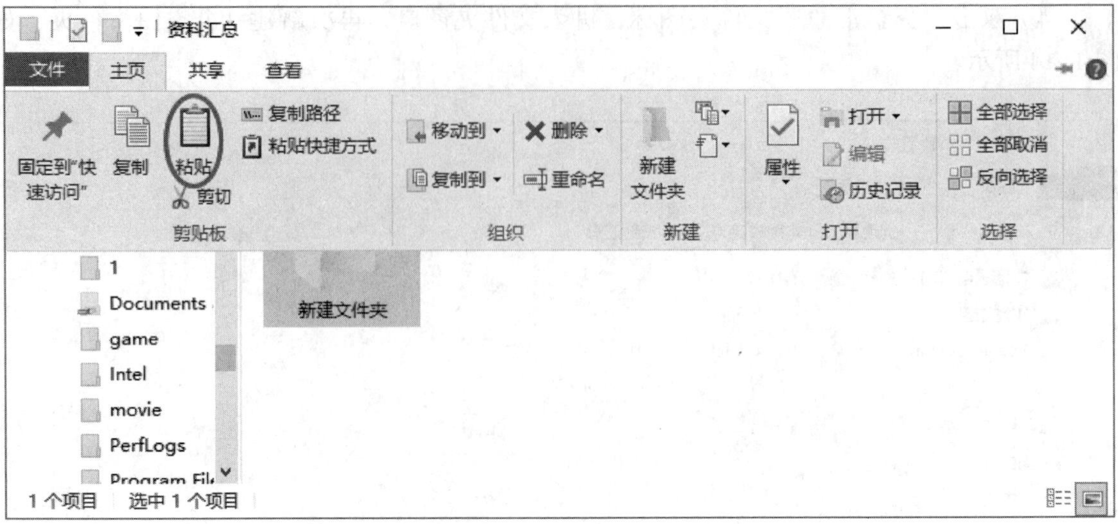

图 1–16 “主页”选项卡的“粘贴”按钮

（7）逐个选中文件夹，单击“主页”选项卡的“重命名”按钮，分别将两个文件夹命名为“公司文件”与“拍摄照片”，效果如图 1–17 所示。

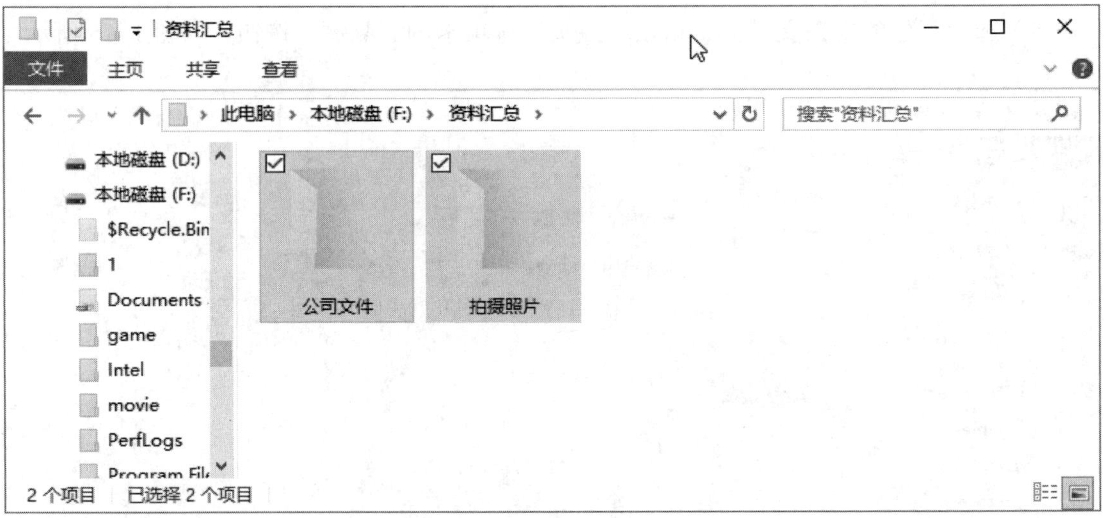

图 1–17 重命名文件夹效果

2. 搜索与移动文件夹

（1）新建分类文件夹后，就可以将计算机中指定类型的文件放置到对应的分类文件夹中了。如果之前文件放置得比较分散，那么可以通过“搜索”功能来搜索符合条件的文件，然后通过“剪切”功能将文件移动到文件夹中。

（2）在打开的“此电脑”窗口中的搜索框中输入“*.jpg”，窗口中会显示所有 JPEG 格式的图片文件，如图 1–18 所示。

图 1–18　显示所有 JPEG 格式的图片文件

（3）单击“搜索工具”→“搜索”选项卡中的“大小”下拉按钮，在展开的下拉菜单中选择“中等（1 ~ 128 MB）”，即可筛选出文件大小在 1 MB 以上、128 MB 以下的图片文件，如图 1–19 所示。

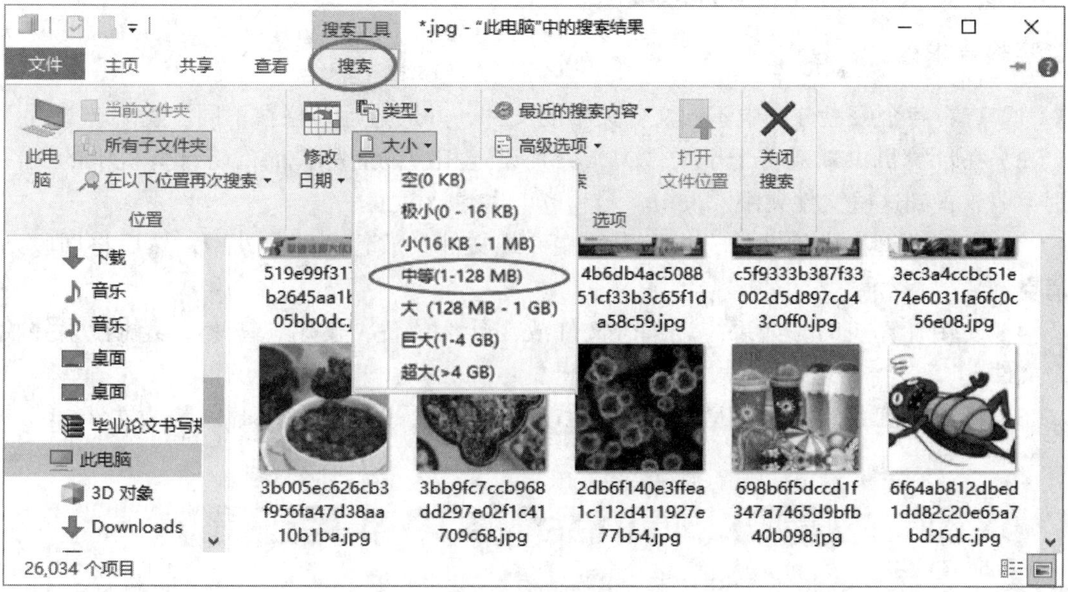


图 1–19　补充搜索条件

（4）在搜索列表中拖动鼠标选择要移动的图片文件，单击“主页”选项卡的“剪切”按钮，如图 1–20 所示。

（5）切换到前面创建的“拍摄照片”文件夹窗口，在空白处右击，在弹出的快捷菜单中选择“粘贴”命令，即可将剪切的图片文件全部移动到该文件夹中。

图 1-20 “主页”选项卡的“剪切”按钮

## 二、验证性实验

【实验 2-2】 文件和文件夹操作。

实验要求

（1）查看各个磁盘分区中不同文件夹中的文件，并通过地址栏在不同位置跳转查看。

（2）在计算机中新建若干个文件夹，分别设定相应的名称，而后将计算机中的文件分门别类地放置到这些文件夹中。

（3）查看计算机中的文件，将无用的文件或文件夹放置到回收站中，然后将回收站彻底清空。

（4）使用计算机时，如果忘记某个文件放在什么位置，使用“搜索”功能搜索并找到这个文件。

（5）将计算机中重要的个人文件的属性设置为隐藏，并使系统不显示隐藏文件。

# 实验 3 Windows 10 实用工具

### 实验目的

- 掌握 Windows 10 自带的记事本和写字板工具的使用方法。
- 掌握 Windows 10 自带的画图和截图工具的使用方法。

- 掌握 Windows 10 自带的计算器工具的使用方法。

## 基础实验

### 【实验 3-1】 实用工具的使用。

#### 实验要求

（1）使用记事本和写字板工具进行文档的编辑和保存。

（2）使用画图工具进行任意图形的绘制和保存；使用截图工具截取屏幕上的任意区域，并将截图保存。

（3）使用计算器工具进行简单的数学计算。

#### 操作步骤

1.Windows 10 自带的记事本和写字板工具的使用

记事本是一款文本编辑工具，用于对纯本文进行编辑。写字板是一款文字处理软件，虽然它的功能弱于 Word 文字处理软件，但它完全能够满足用户的基本的文档排版和格式调整需求。

要使用记事本工具，可在 Windows 10 操作系统中选择“开始”→“Windows 附件”→“记事本”命令，如图 1–21（a）所示。打开记事本工具后，即可在其中编辑文本，如图 1–21（b）所示。

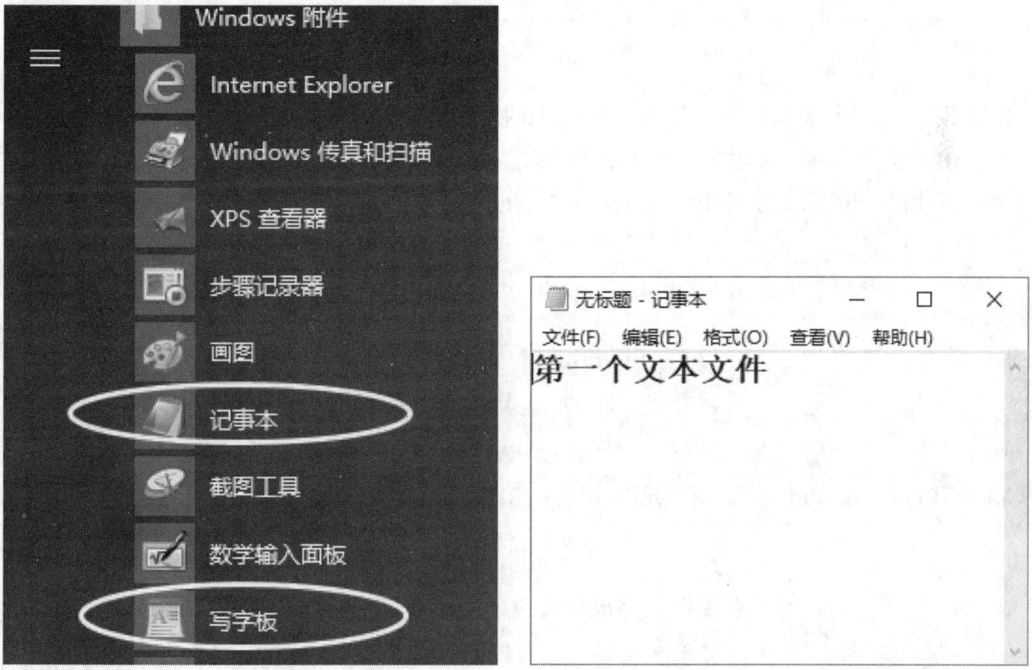


（a）“Windows 附件”中的各种工具　　（b）用记事本工具编辑文本

图 1–21　使用记事本工具

利用记事本编辑得到的文件是纯文本文件，其后缀名为 .txt。编辑完成后，可以在记事本中选择“文件”→“保存”命令，打开“另存为”对话框，选择保存位置，自行输入文件名，并单击“保存”按钮即可将编辑好的文本文件保存到计算机中，如图 1–22 所示。

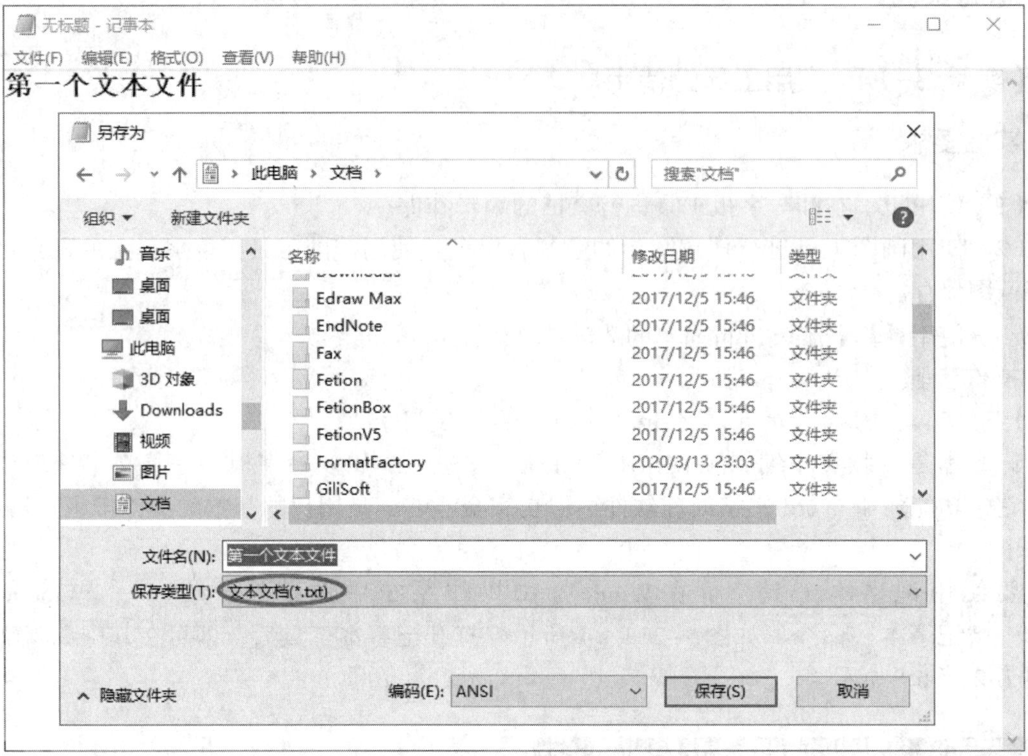


图 1–22　保存文本文件

要使用写字板工具，可在 Windows 10 操作系统中选择“开始”→“Windows 附件”→“写字板”命令，如图 1–21（a）所示。打开写字板后，即可在其中编辑文档，并进行各种格式设置，完成文字排版，如图 1–23 所示。

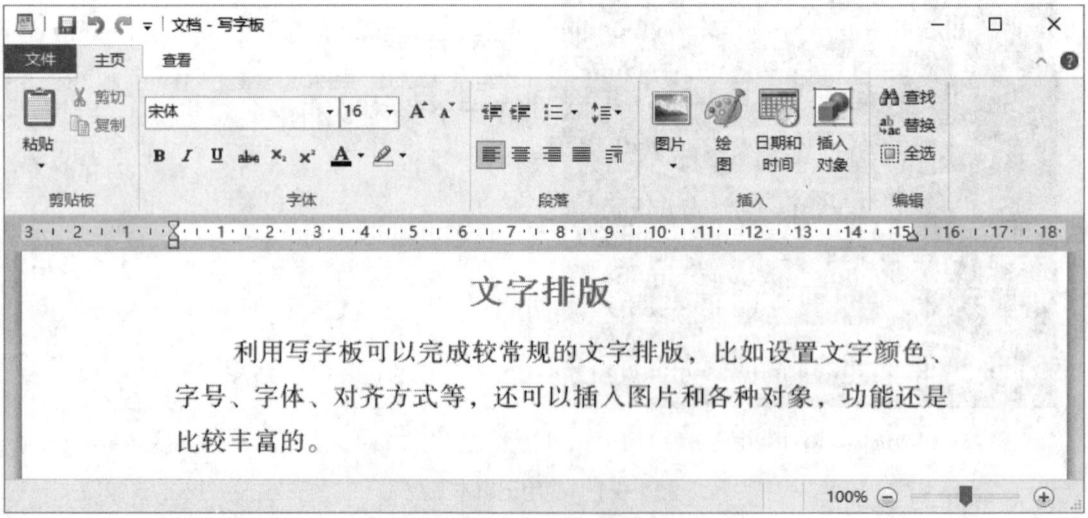


图 1–23　使用写字板工具

编辑完成后，可以在写字板窗口上方选择“文件”→“保存”命令，如图1-24所示，打开“另存为”对话框，将编辑好的文件保存到计算机中的某个位置。利用写字板编辑得到的文件是富文本文件，其后缀名为.rtf。

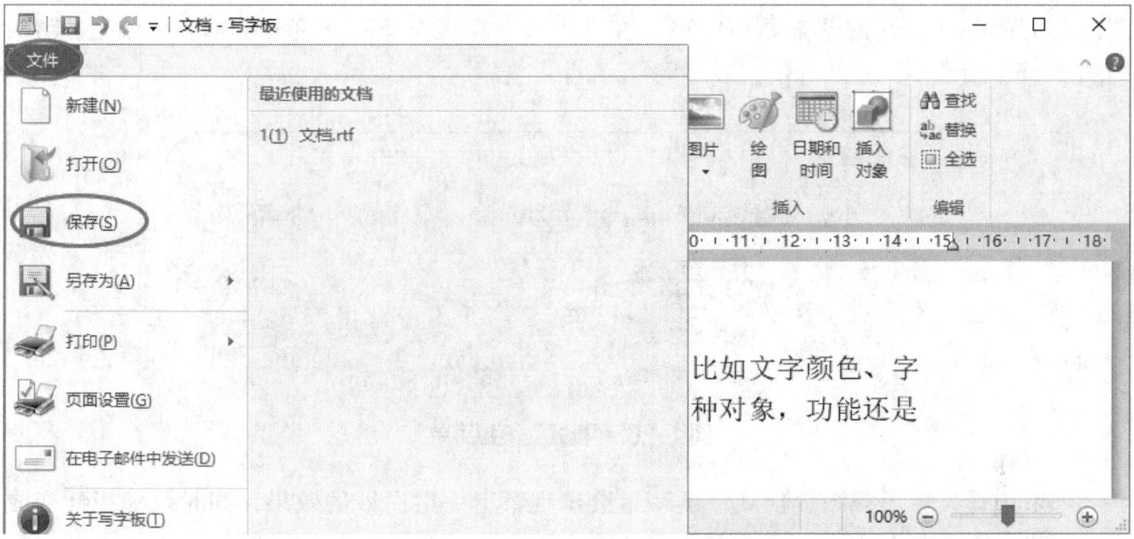


图1-24 保存编辑好的文件

2. Windows 10 自带的画图和截图工具的使用

画图工具是Windows 10自带的一款简单的图形绘制工具。使用画图工具，用户可以绘制各种简单的图形，也可以对计算机中的图片进行简单的处理，以及进行图片格式转换等。

要使用画图工具，可在Windows 10操作系统中选择“开始”→“Windows附件”→“画图”命令。打开画图工具后，即可在其中绘图。可以看到，画图工具中提供了很多工具按钮，供用户完成图形的绘制，如图1-25所示。

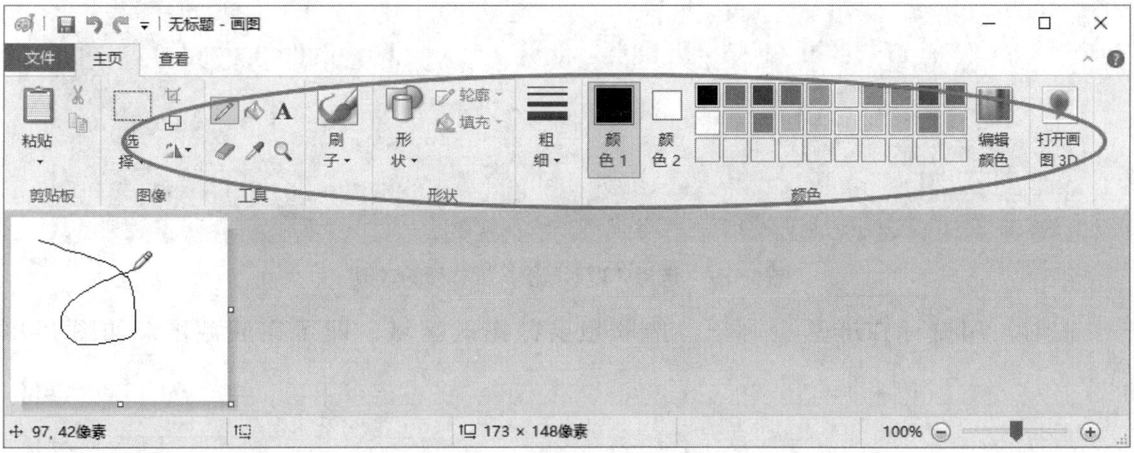


图1-25 画图工具的使用

截图工具是 Windows 10 自带的一款简单的用于截取屏幕图像的工具，使用该工具能够将屏幕中显示的内容截取为图片，并将其保存为文件或直接粘贴到其他文件中。

要使用截图工具，可在 Windows 10 操作系统中选择“开始”→“Windows 附件”→“截图工具”命令。打开截图工具后，可以在其中的“模式”下拉菜单中选择一种截图模式，如图 1–26 所示。

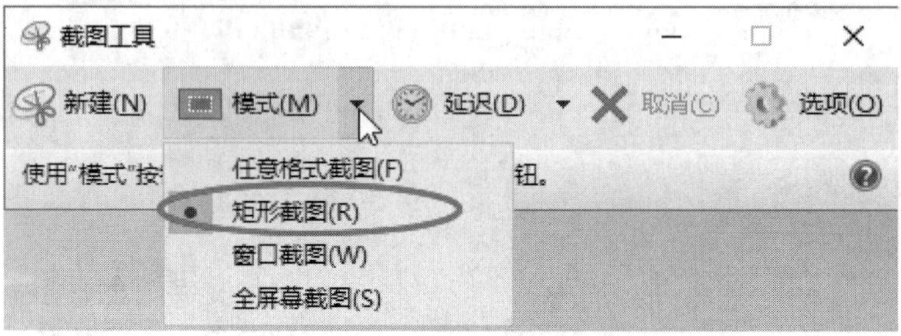


图 1–26 “模式”下拉菜单

如果选择“矩形截图”模式，屏幕上会出现蒙上一层白纱的效果，同时鼠标指针变成十字形状，如图 1–27 所示。

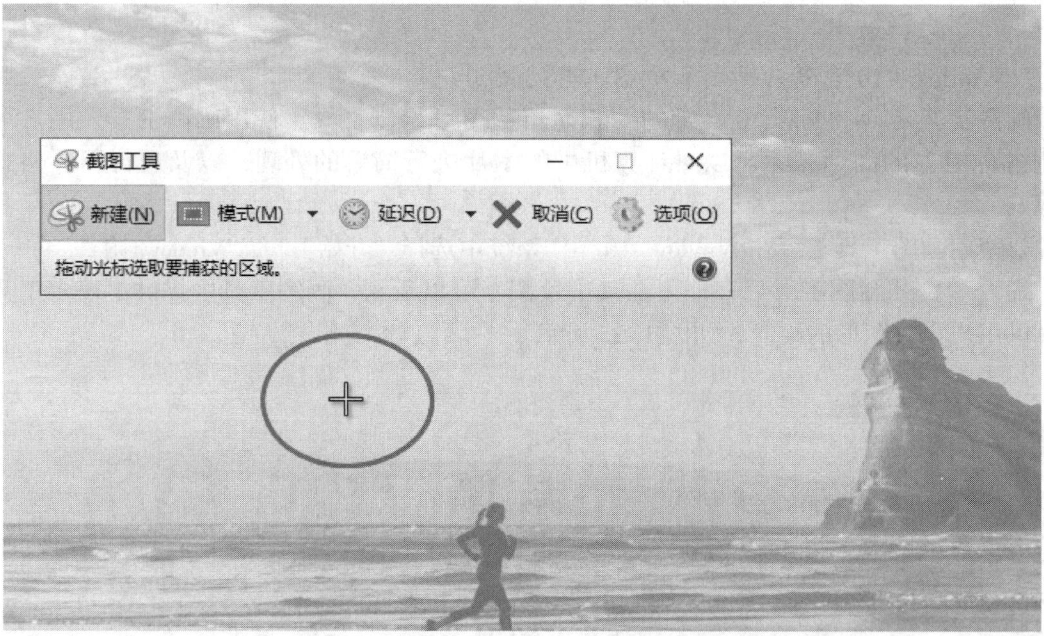


图 1–27 选择“矩形截图”模式后的效果

此时，用鼠标在屏幕上画框，选取想要截图的区域，即可完成截图，如图 1–28 所示。

图1-28　选取想要截图的区域

完成框选后，被框选区域将会出现在截图工具的工作窗口中，如图 1-29 所示。此时，在截图工具中选择“文件”→“另存为”命令，即可将截取的图像保存到计算机中。

图1-29　截取的图像

3. Windows 10 自带的计算器工具的使用

（1）Windows 10 自带的计算器工具功能强大，除了可以进行简单的加、减、乘、除、乘方、开方运算外，还可以进行各种复杂的函数运算、科学计算、进制转换、单位换算等。

在 Windows 10 操作系统中选择“开始”→“Windows 附件”→“计算器”命令，即可打开计算器工具。打开后，默认的工作模式为“标准”，如图 1-30（a）所示。单击左上角的☰图标，在展开的下拉菜单中可以选择其他的工作模式和功能，如图 1-30（b）所示。

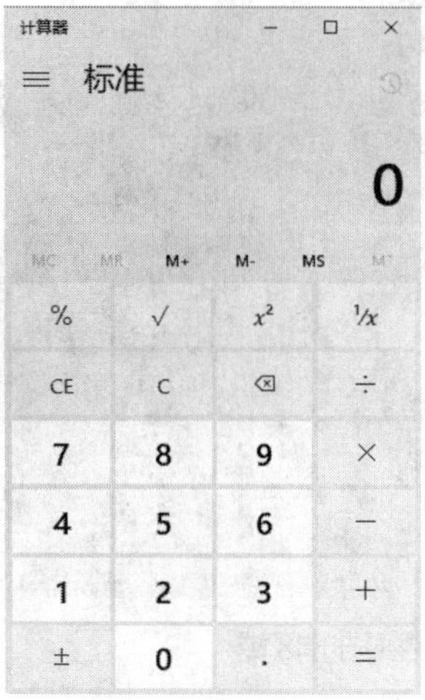


（a）标准模式的计算器工具

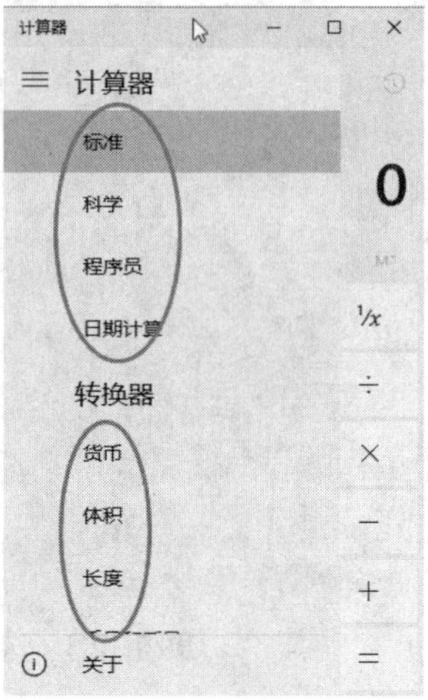


（b）计算器工具中的下拉菜单

图 1-30　计算器工具

# 实验 4　Windows 10 高级设置

## 实验目的

- 掌握应用软件的网络下载方法。
- 掌握应用软件的安装方法。
- 掌握应用软件的卸载方法。
- 理解 Windows 账户类型。
- 掌握 Windows 账户的创建和管理方法。
- 对操作系统所在磁盘分区进行碎片整理，并清理无用文件。

## 一、基础实验

### 【实验 4-1】 安装应用软件。

软媒魔方是一款系统增强套装软件，由 Vista 优化大师、Windows 7 优化大师发展而来，支持 64 位和 32 位的所有主流 Windows 系统，能够自动化、智能化地解决各种计算机问题。软媒魔方内置 20 余款强大的、绿色的知名组件，有清理、美化、桌面增强、系统雷达、通知区万年历、优化加速、安全守护、软件管家、电脑医生、虚拟光驱、U 盘装机等。

实验要求

完成软媒魔方的下载、安装和使用。

操作步骤

1. 登录官方网站

登录软媒魔方官方网站“https://mofang.ruanmei.com/”，如图 1–31 所示。

图 1–31　软媒魔方官方网站

2. 下载应用软件

单击“立即下载”按钮，进行下载操作，如图 1–32 所示。

（a）下载过程

（b）下载结束后，单击“打开文件”链接，启动安装向导

图 1–32 下载软媒魔方

3. 安装软件

在图 1–32（b）所示界面中启动软媒魔方安装向导。在安装向导界面设置安装路径（可不修改），并勾选或取消一些安装选项，如图 1–33 所示。设置完成后，单击“立即安装”按钮，即可开始安装过程。

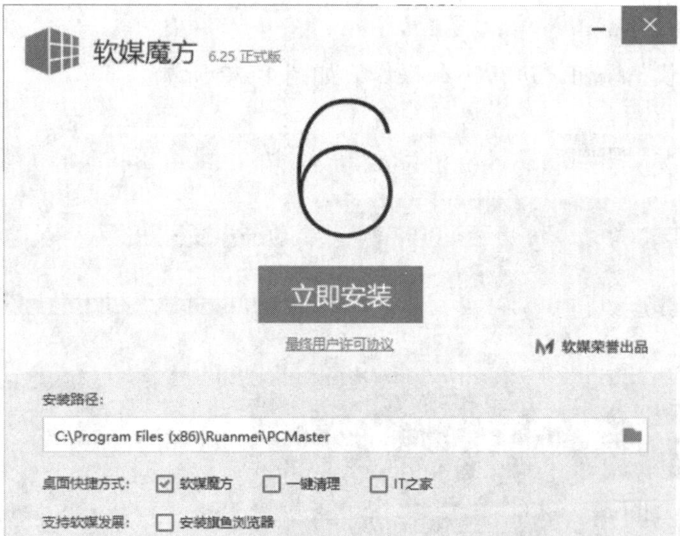


图 1–33 软媒魔方安装向导界面

4. 运行软件

安装完成后，软媒魔方将会自动运行。第一次运行时，会自动弹出设置向导，如图 1–34 所示。根据向导中的提示，可以完成一些初步设置。

图1-34　软媒魔方的设置向导

5. 应用软件的功能

设置完成后，即可进入软媒魔方的主界面，如图1-35所示。可以看出，软媒魔方功能非常丰富，包含了多个实用应用模块。单击相应图标，即可打开各个应用。如果单击右下角的“应用大全”，还可以看到软件中包含的所有常用应用。

图1-35　软媒魔方的主界面和常用应用

【实验 4-2】 卸载应用软件。

实验要求

使用 Windows 10 操作系统中的“应用和功能”命令，卸载软媒魔方。

操作步骤

（1）右击任务栏最左侧的“开始”按钮，在弹出的“开始”菜单中选择“应用和功能”命令，如图 1-36 所示。

（2）打开“应用和功能”设置窗口，在应用列表中找到“软媒魔方”并单击，如图 1-37 所示。

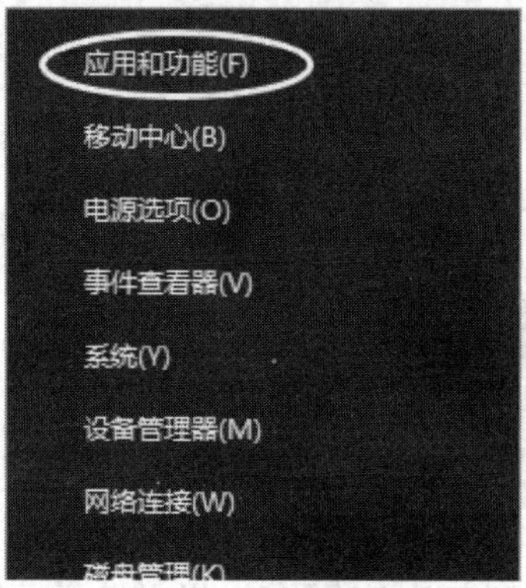


图 1-36　选择“应用和功能”命令

图 1-37　“应用和功能”设置窗口

（3）单击软媒魔方右下方的“卸载”按钮，在随后出现的提示信息指引下，逐步完成该应用软件的卸载。

【实验 4-3】 创建和管理账户。

实验要求

（1）理解 Windows 账户类型。

（2）创建一个 Windows 账户。

操作步骤

1. 账户类型介绍

为操作系统设置多个账户，给每个用户提供单独的桌面和个性化设置，可以避免用户间相互干扰。Windows 有 3 种类型的账户，不同类型的账户为用户提供不同的计算机控制级别。

（1）标准账户。标准账户适合用户日常使用，默认运行在标准权限下。标准账户在尝试执行系统关键设置的操作时，会受到用户账户控制机制的阻拦，以避免管理员权限被恶意程序利用，同时也避免初级用户对系统的错误操作。

（2）管理员（administrator）账户。管理员账户可以对计算机进行最高级别的控制。

（3）来宾（guest）账户。来宾账户主要针对需要临时使用计算机的用户，其用户权限比标准账户的用户权限更小，只能使用常规的应用程序，而无法对系统设置进行更改。

2. 创建账户

在“Windows 设置”窗口中创建账户的具体方法如下。

（1）单击“开始”按钮，打开“开始”菜单。

（2）单击“开始”菜单左下角的齿轮形“设置”按钮，打开“Windows 设置”窗口，如图 1–38 所示。

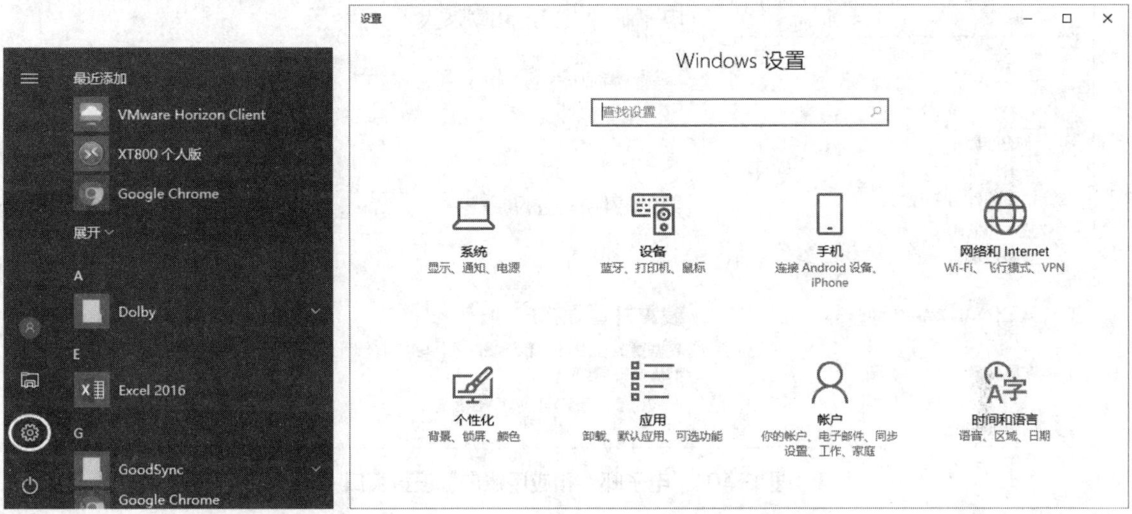


（a）“设置”按钮　　（b）“Windows 设置”窗口

图 1–38 打开“Windows 设置”窗口

（3）单击“Windows 设置”窗口中的“账户”按钮，进入“账户”设置窗口，如图 1–39 所示。

图 1–39 “账户”设置窗口

（4）单击“账户”设置窗口中的“电子邮件和应用账户”按钮，再单击“添加账户”按钮，如图1-40所示。

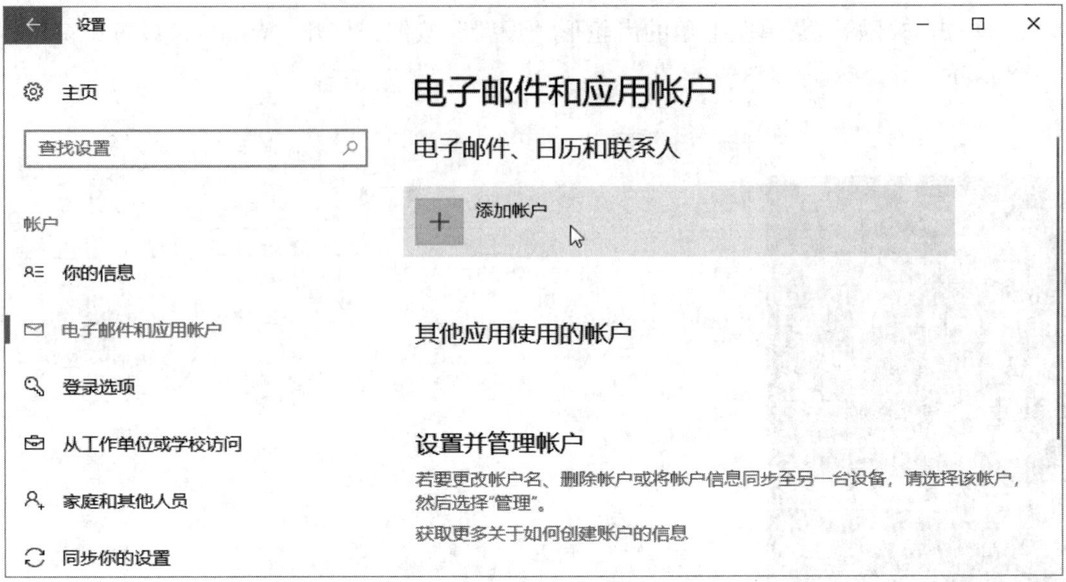


图1-40 “电子邮件和应用账户”设置窗口

（5）在打开的“登录”窗口中，找到电子邮件提供者。若找不到，可以选择“其他账户”命令，如图1-41所示，并单击“继续”按钮。

（6）输入电子邮件地址作为账户名，并设置该账户的登录密码，如图1-42所示，然后单击“登录”按钮，即可完成新账户的创建。需要特别注意的是，此处设置的是Windows账户的登录密码，不要输入电子邮箱密码。

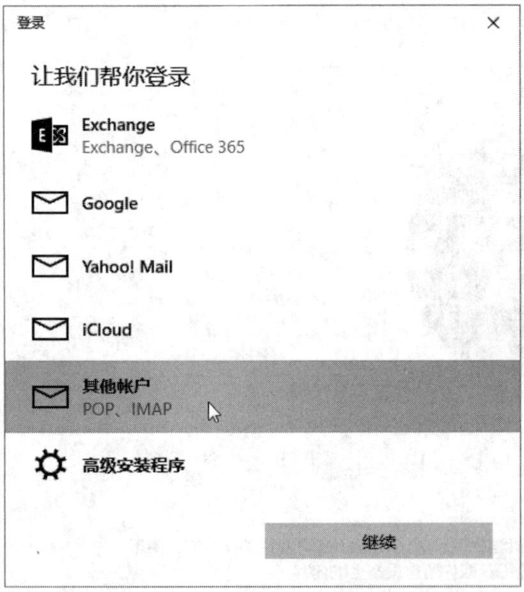


图1-41 “登录”窗口

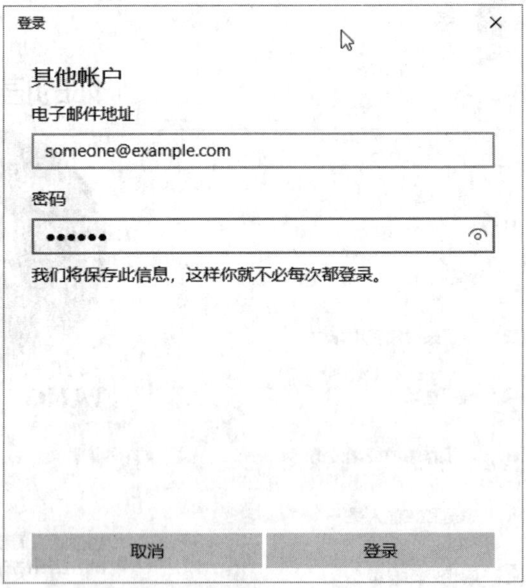


图1-42 设置账户名和登录密码

## 【实验 4-4】 系统性能优化。

在使用计算机的过程中，用户经常需要备份文件及安装或卸载程序，这样就会在系统中残留大量的碎片文件，而这些碎片文件可能降低系统性能，因此，必须定期对磁盘进行碎片整理。同时，在计算机使用过程中产生的一些临时文件也需要定时清理，以免影响系统的正常运行。

实验要求

（1）使用磁盘清理工具对 C 盘上的垃圾文件进行清理。

（2）使用错误检查工具对 C 盘进行错误检查。

（3）使用优化驱动器工具对 C 盘进行优化和碎片整理。

操作步骤

（1）右击“本地磁盘（C:）”图标，在弹出的快捷菜单中选择“属性”命令，打开“本地磁盘（C:）属性”对话框，如图 1-43 所示。

（2）如图 1-43（a）所示，在该对话框的“常规”选项卡中，单击“磁盘清理”按钮，打开磁盘清理程序，对磁盘上的无用文件进行清理。

（3）如图 1-43（b）所示，在该对话框的“工具”选项卡中，单击“检查”或者“优化”按钮，打开磁盘检查程序或磁盘碎片整理程序，对磁盘进行错误检查或碎片整理。

（a）“常规”选项卡　　　　（b）“工具”选项卡

图 1-43 “本地磁盘（C:）属性”对话框

## 二、验证性实验

### 【实验 4-5】 安装应用软件。

实验要求

（1）在网络上搜索一款免费的电子阅读器，安装到本机。

（2）在网络上下载 ACDSee 看图软件，并在本机进行安装。

（3）在网络上下载 360 手机助手软件，并在本机进行安装。

### 【实验 4-6】 系统性能优化。

实验要求

（1）使用软媒魔方中的“清理大师”应用，对计算机中的垃圾文件进行清理。

（2）使用软媒魔方中的“电脑医生”应用，对计算机的健康状况进行检查，并按软件提示进行修复。

（3）使用软媒魔方中的“优化大师”应用，对 Windows 10 操作系统进行优化。

# 第 2 部分

# 文 字 处 理

## 实验 5 文档输入及编辑

### 实验目的

- 掌握 Word 2016 的启动和退出，熟悉 Word 2016 的工作窗口。
- 熟练掌握文档的创建、输入、保存、保护和打开等操作。
- 熟练掌握文档的编辑操作，包括插入、修改、删除、移动、复制、查找和替换、英文校对等基本操作。

### 一、基础实验

【实验 5-1】 日记的输入和编辑。

实验要求

（1）创建一个新文档，输入以下内容，把当前文档保存到“D:\Word\”目录下，命名为“5-1a.docx”，要求日期设置为自动更新。

> 点点日记
>
> 今天是 2024 年 5 月 6 日星期一，室内气温在 15℃～17℃之间。
>
> 晚上🕒，我正在看🕮，突然☎铃声响起，原来是我的同学 Mary，她问我书中第Ⅷ页的数学题，求“1×2+2×4+3×6+4×8+…+100×200＝？”有什么简便方法？我告诉了她，她很高兴。对我说：“Thank you！ My best friend！”
>
> 后来，她要我去图书馆为她借巴金的《家》《春》《秋》，并告诉我，她的 Email 地址是 Mary@2lcn.com，要我借到后写🖃给她。

（2）打开文档“5-1a.docx”，进行如下修改。

①在正文第 2 段中的文字“我告诉了她，”的“她”后插入文字“我的解题思路”。

②将正文第 3 段中的文字“并告诉我，”中的“并”改为“她”。

③删除正文第 3 段中的文字“《春》《秋》”

④将正文第 2 段中的文字“她问我书中第Ⅷ页的数学题，”中的“数学”复制到“我”和“书”之间。

⑤将正文第 3 段中的文字“她告诉我，她的 Email 地址是 Mary@2lcn.com，”移动到文字“后来，”之后。

⑥将文中所有的“她”替换为“他”。

⑦将正文第 2 段和第 3 段合并成一段。

⑧检查输入的英文单词是否有拼写错误，有则改正。

⑨将最后一段删除，再将其恢复。

⑩为使其他应用程序能读取该文件，将该文件另存为纯文本文件“5-1a.txt”，并保存到“D:\Word\”目录下。

（3）新建文档，设置自动保存时间间隔为 5 min，插入文档“5-1a.docx”的内容，另存为文件“5-1b.docx”，并设置文档的打开密码为“123”，修改密码为“456”。

**操作步骤**

（1）打开文件资源管理器，进入 D 盘文件夹窗口，在空白处右击，在弹出的快捷菜单中选择“新建”→“文件夹”命令，输入文件夹名“Word”，按 Enter 键。

（2）使用任意一种方式启动 Word 2016，进入 Word 2016 工作窗口。单击输入法图标，选择自己熟悉的输入法，在文档编辑区输入正文。输入文字一般在插入状态下进行，此时左下角状态栏中显示“插入”按钮。如果不是，可以单击该按钮或按 Insert 键进行切换。

**注意：**在输入中文时，键盘要处于小写字母输入状态。文档中的英文字母、数字和小数点在西文状态下输入。

文档中的日期和一些特殊符号使用下面的方法输入。

①日期。单击“插入”选项卡“文本”组中的“日期和时间”按钮，打开“日期和时间”对话框。在“语言（国家 / 地区）”下拉列表框中选择“简体中文（中国大陆）”，在“可用格式”列表框中选择需要的格式并勾选对话框右下角的“自动更新”复选框，单击“确定”按钮。

②℃、Ⅷ、×。单击输入法状态条上的“输入方式”按钮⌨，在弹出的菜单中分别选择“特殊符号”“数字序号”“数学符号”命令，然后单击相应的符号。若要关闭软键盘，则只需再次单击“输入方式”按钮即可。

③ 🕒、🕮、☎、🖃。单击“插入”选项卡“符号”组中的“符号”下拉按钮，在下拉菜单中选择“其他符号”命令，打开“符号”对话框。在“字体”下拉列表框中选择“Wingdings”，然后选择需要的符号，单击“插入”按钮，符号选择完毕后单击“关闭”按钮。

（3）单击“文件”按钮，在菜单中选择“保存”→“浏览”命令，打开“另存为”对话框。在地址下拉列表框中选择“D:\Word\”，在“保存类型”下拉列表框中选择默认的“Word 文档（*.docx）”，在“文件名”下拉列表框中输入文件名“5-1a”，单击“保存”按钮。

（4）继续编辑文档“5-1a.docx”，对文档按要求进行如下修改。

①在插入状态下，将光标移到“我告诉了她，”的“她”后面，输入“我的解题思路”。

②选中“并”字，按 Delete 键或 Backspace 键，再输入文字“她”。

③选中“《春》《秋》”，按 Delete 键。

④选中“数学”并右击，在快捷菜单中选择“复制”命令，将光标移到“我”和“书”之间，右击，在弹出的快捷菜单中选择“粘贴”命令（可通过快捷键 Ctrl+C 和 Ctrl+V 实现，也可以使用“Ctrl+ 鼠标拖动”的快捷方法）。

⑤选中“她告诉我，她的 Email 地址是 Mary@2lcn.com，”，右击，在弹出的快捷菜单中选择“剪切”命令，将光标移到“后来，”处并右击，在弹出的快捷菜单中选择“粘贴选项”下的“保留源格式”命令（也可以使用快捷键或鼠标拖动的方法）。

⑥单击“开始”选项卡“编辑”组中的“替换”按钮，打开“查找和替换”对话框。在“查找内容”下拉列表框中输入“她”，在“替换为”下拉列表框中输入“他”，单击“全部替换”按钮，在弹出的对话框中单击“确定”按钮，再关闭“查找和替换”对话框。

⑦将光标移到正文第 2 段的段落标记前（如果看不到段落标记，则单击“开始”选项卡“段落”组中的“显示 / 隐藏编辑标记”按钮），然后按 Delete 键。

⑧单击“审阅”选项卡“校对”组中的“拼写和语法”按钮，进行拼写检查。如果有错误，在“拼写和语法”任务窗格中更改。

⑨选中最后一段，按 Delete 键删除，再单击快速访问工具栏中的“撤销”按钮撤销刚才的操作。

⑩单击“文件”按钮，在菜单中选择“另存为”→“浏览”命令，打开“另存为”对话框。在“保存类型”下拉列表框中选择“纯文本（*.txt）”，在“文件名”下拉列表框中输入文件名“5-1a”，单击“保存”按钮。在随后出现的“文件转换”对话框中，单击“确定”按钮。

（5）单击“文件”按钮，在菜单中选择“新建”命令，在“可用模板”栏中选择“空白文档”。

（6）单击“文件”按钮，在菜单中选择“选项”命令，打开“Word 选项”对话框。在对话框左侧选择“保存”标签，在对话框右侧设置“保存自动恢复信息时间间隔”为“5 min”，单击“确定”按钮。

（7）单击“插入”选项卡“文本”组中的“对象”下拉按钮，在下拉菜单中选择“文件中的文字”命令，打开“插入文件”对话框。在地址栏下拉列表框中选择或输入“D:\Word\”，选择其中的文件 5-1a.docx”，单击“插入”按钮。

（8）单击“文件”按钮，在菜单中选择“另存为”→“浏览”命令，打开“另存为”对话框。在地址下拉列表框中选择或输入“D:\Word\”，在“保存类型”下拉列表框中选择默认的“Word 文档（*.docx）”，在“文件名”下拉列表框中输入文件名“5-1b”。单击对话框中的“工具”下拉按钮，在下拉菜单中选择“常规选项”命令，打开“常规选项”对话框。在“打开文件时的密码”文本框中输入“123”，在“修改文件时的密码”文本框中输入“456”，单击“确定”按钮。在弹出的“确认密码”对话框中再次输入对应的密码并确定，最后单击“保存”按钮。

**注意**：有些操作有多种实现途径，或使用菜单命令，或使用功能区的相应按钮，或按快捷键，任选其中一种即可。

## 二、验证性实验

### 【实验5-2】 中英文文字输入。

实验要求

（1）创建一个新文档，输入以下内容。

| |
|---|
| 知名Linux操作系统发行版Ubuntu（乌班图）发布了中国定制版的操作系统——Ubuntu Kylin（优麒麟）。这是由Canonical公司与我国工信部和国防科技大学组建的CCN开源创新联合实验室开发的。<br>优麒麟是在Ubuntu原版基础上进行大量本地化工作而来的衍生版（如原创的UKUI界面、内置天气、农历日历、音乐搜索等），也是Ubuntu官方认可的系统，它同样开源免费，日后还会加入更多中国特色功能，如中文输入法、地图、集成WPS、网银支付等。<br>相比原版的Ubuntu，优麒麟在各个方面更加适合我国国情，适合新手入门学习。优麒麟的出现和发展肯定也会为国内Linux的普及带来非常积极的作用。 |

（2）输入时应注意中英文、全角和半角、标点符号等，并以“5-2.docx”为文件名将文档保存在“D:\Word\”目录下，然后关闭该文档。

### 【实验5-3】 文字基础编辑。

实验要求

（1）创建一个新文档，输入以下内容，把当前文档保存到“D:\Word\”目录下，命名为“5-3a.docx”。

| |
|---|
| 有人曾笑着说：“中国有两港—花港，香港。”由“花”而联想到“香”，这是很自然的。<br>“花港观鱼”这古老的名胜，如今更是名副其实。四时如锦的花，碧波粼粼的港，自由嬉戏的鱼，都是令人喜爱的。除此之外，漫步河塘柳岸，散步草坪林荫，或登亭台楼榭眺望远山近水，或傍湖边长椅欣赏六桥烟柳，也使人心旷神怡。 |

（2）打开“5-3a.docx”文件，进行如下编辑操作。

①在文本的最前面插入一行标题“花港观鱼”。

②将“有人曾笑着说”中的“笑着”两个字删除。把文中的“由‘花’而联想到‘香’”改为“由于中国几千年的欣赏习惯，从远自《诗经》近到当今最流行的歌曲中，都可以看到，人们总是习惯看到‘花’而联想到‘香’”。

③将“漫步河塘柳岸”和“散步草坪林荫”的位置互换。

④将文中的两段合并成一段，在“如今更是名副其实。”后另起一段。

⑤将所有的“港”替换为“Gang”。

⑥分别以页面视图、阅读版式视图、Web 版式视图、大纲视图和草稿视图等不同方式显示文档，观察各个视图的显示特点。

（3）新建文档，设置自动保存时间间隔为 8 min，插入文档“5-3a.docx”的内容。根据 Word 提供的“字数统计”功能，记录并在 Word 文档中输入以下数据：字数、字符数（不计空格）、段落数，然后以“5-3b.docx”为文件名将文档保存在“D:\Word\”目录下。

（4）为使其他应用程序（如记事本）能读取文件“5-3b.docx”，打开“5-3b.docx”，将其另存为“D:\Word\”下的“5-3b.txt”。

## 三、设计性实验

搜集自己喜欢的文字题材（如人生感悟、体育或音乐新闻等），并将它们输入到 Word 文档中保存，尽量用到所学的文档输入和编辑知识。

# 实验 6 Word 2016 文档排版

### 实验目的

- 熟练掌握 Word 文档的字符排版。
- 熟练掌握 Word 文档的段落排版。
- 熟练掌握 Word 文档的页面排版。

## 一、基础实验

【实验 6-1】 散文排版 1（见图 2-1）。

实验要求

（1）创建一个新文档，输入以下内容，把当前文档保存到“D:\Word\”目录下，命名为“6-1.docx”。

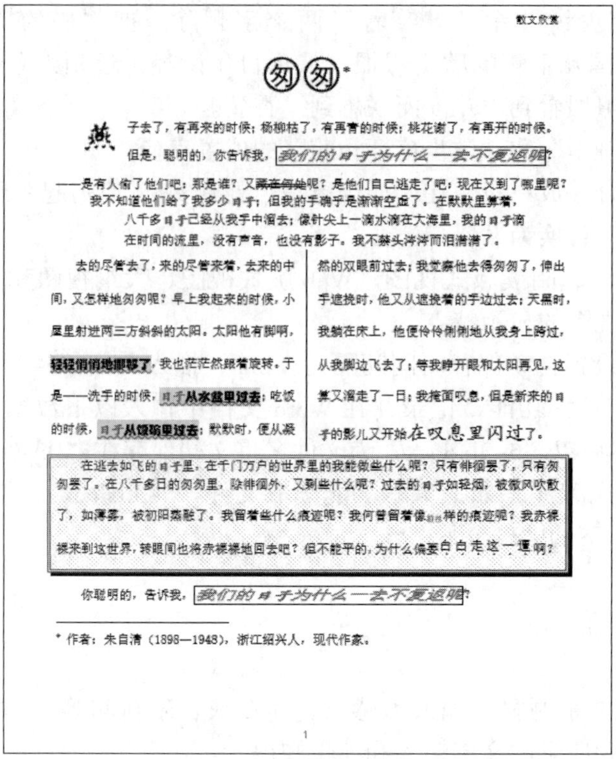
散文欣赏

匆匆*

燕子去了，有再来的时候；杨柳枯了，有再青的时候；桃花谢了，有再开的时候。但是，聪明的，你告诉我，我们的日子为什么一去不复返呢？

——是有人偷了他们吧：那是谁？又藏在何处呢？是他们自己逃走了吧：现在又到了哪里呢？我不知道他们给了我多少日子；但我的手确乎是渐渐空虚了。在默默里算着，八千多日子已经从我手中溜去；像针尖上一滴水滴在大海里，我的日子滴在时间的流里，没有声音，也没有影子。我不禁头涔涔而泪潸潸了。

去的尽管去了，来的尽管来着，去来的中间，又怎样地匆匆呢？早上我起来的时候，小屋里射进两三方斜斜的太阳。太阳他有脚啊，轻轻悄悄地挪移了，我也茫茫然跟着旋转。于是——洗手的时候，日子从水盆里过去；吃饭的时候，日子从饭碗里过去；默默时，便从凝然的双眼前过去；我觉察他去得匆匆了，伸出手遮挽时，他又从遮挽着的手边过去；天黑时，我躺在床上，他便伶伶俐俐地从我身上跨过，从我脚边飞去了；等我睁开眼和太阳再见，这算又溜走了一日；我掩面叹息，但是新来的日子的影儿又开始在叹息里闪过了。

在逃去如飞的日子里，在千门万户的世界里的我能做些什么呢？只有徘徊罢了，只有匆匆罢了。在八千多日的匆匆里，除徘徊外，又剩些什么呢？过去的日子如轻烟，被微风吹散了，如薄雾，被初阳蒸融了。我留着些什么痕迹呢？我何曾留着像游丝样的痕迹呢？我赤裸裸来到这世界，转眼间也将赤裸裸地回去吧？但不能平的，为什么偏要白白走这一遭啊？

你聪明的，告诉我，我们的日子为什么一去不复返呢？

* 作者：朱自清（1898—1948），浙江绍兴人，现代作家。

1

图 2-1　散文排版效果 1

匆匆

燕子去了，有再来的时候；杨柳枯了，有再青的时候；桃花谢了，有再开的时候。但是，聪明的，你告诉我，我们的日子为什么一去不复返呢？——是有人偷了他们吧：那是谁？又藏在何处呢？是他们自己逃走了吧：现在又到了哪里呢？

我不知道他们给了我多少日子；但我的手确乎是渐渐空虚了。在默默里算着，八千多日子已经从我手中溜去；像针尖上一滴水滴在大海里，我的日子滴在时间的流里，没有声音，也没有影子。我不禁头涔涔而泪潸潸了。

去的尽管去了，来的尽管来着，去来的中间，又怎样地匆匆呢？早上我起来的时候，小屋里射进两三方斜斜的太阳。太阳他有脚啊，轻轻悄悄地挪移了，我也茫茫然跟着旋转。于是——洗手的时候，日子从水盆里过去；吃饭的时候，日子从饭碗里过去；默默时，便从凝然的双眼前过去，我觉察他去得匆匆了，伸出手遮挽时，他又从遮挽着的手边过去；天黑时，我躺在床上，他便伶伶俐俐地从我身上跨过，从我脚边飞去了；等我睁开眼和太阳再见，这算又溜走了一日；我掩面叹息，但是新来的日子的影儿又开始在叹息里闪过了。

在逃去如飞的日子里，在千门万户的世界里的我能做些什么呢？只有徘徊罢了，只有匆匆罢了。在八千多日的匆匆里，除徘徊外，又剩些什么呢？过去的日子如轻烟，被微风吹散了，如薄雾，被初阳蒸融了。我留着些什么痕迹呢？我何曾留着像游丝样的痕迹呢？我赤裸裸来到这世界，转眼间也将赤裸裸地回去吧？但不能平的，为什么偏要白白走这一遭啊？

你聪明的，告诉我，我们的日子为什么一去不复返呢？

（2）进行字符格式设置，其要求如表 2–1 所示。

表 2–1　字符格式要求

| 字符内容 | 字符格式要求 |
| --- | --- |
| 标题“匆匆” | 黑体、二号、带圈文字：增大圈号、圆圈 |
| 正文第 1 段：我们的日子为什么一去不复返呢 | 倾斜、红色、字符边框、字符缩放比例 150% |
| 正文第 1 段：藏在何处 | 字体效果（双删除线） |
| 正文第 3 段：轻轻悄悄地挪移了 | 华文琥珀、字符底纹、下画线（蓝色波浪线） |
| 正文第 3 段：在叹息里闪过 | 华文楷体、三号 |
| 正文第 4 段：游丝 | 四号、字体效果（下标） |
| 正文第 4 段：白白走这一遭 | 字符加着重号、字符间距加宽 1.2 pt、字符位置提升 3 pt |

（3）进行段落格式设置，其要求如表 2–2 所示。

表 2–2　段落格式要求

| 应选择的段落 | 段落格式要求 |
| --- | --- |
| 标题 | 居中对齐，段后 12 pt |
| 正文第 1 段 | 分散对齐 |
| 正文第 2 段 | 左、右缩进 1 cm，悬挂缩进 1 cm |
| 正文第 3 段 | 行间距为 1.75 倍行距 |
| 正文第 4 段 | 段落添加边框：带阴影双实线、蓝色、0.75 pt 线宽；段落添加底纹：样式 20%，颜色为黄色 |

（4）使用格式刷复制格式，其要求如表 2–3 所示。

表 2–3　复制格式要求

| 样板文字或段落 | 目标文字或段落 |
| --- | --- |
| 正文第 1 段：我们的日子为什么一去不复返呢 | 正文第 5 段：我们的日子为什么一去不复返呢 |
| 正文第 3 段的段落标记符“↵” | 正文第 5 段的段落标记符“↵” |
| 正文第 3 段：轻轻悄悄地挪移了 | 正文第 3 段：“日子从水盆里过去”及“日子从饭碗里过去” |

（5）使用替换命令替换格式，其要求如表 2–4 所示。

表 2–4　替换格式要求

| 字符内容 | 替换格式要求 |
| --- | --- |
| 全文中所有的“日子” | 华文楷体、蓝色、加粗 |

（6）进行页面格式设置，其要求如表 2–5 所示。

表 2-5 页面格式要求

| 选择内容 | 页面格式要求 |
|---|---|
| 正文第1段中的第1个字“燕” | 首字下沉两行，字体设置为“华文新魏”，距正文 0.3 cm |
| 正文第3段 | 分为等宽的两栏，栏宽为 7 cm，栏间加分隔线 |
| 全文 | 设置页眉“散文欣赏”，右对齐 |
| 全文 | 在页面底端（页脚）以居中对齐方式插入页码，并将初始页码设置为全角字符的“1” |
| 标题：匆匆 | 为文字“匆匆”插入尾注：引用标记为“*”；内容为“作者：朱自清（1898—1948），浙江绍兴人，现代作家。” |
| 全文 | 将文档页面的纸型设置为“A4”，左、右边界各为 3 cm，上边界为 4 cm，下边界为 5 cm |

### 操作步骤

（1）启动 Word 2016，进入 Word 2016 的工作窗口，在默认打开的空白文档中输入实验要求中的文字内容。

（2）单击“文件”按钮，在菜单中选择“保存”→“浏览”命令，打开“另存为”对话框，在地址下拉列表框中选择或输入“D:\Word\”，在“文件名”下拉列表框中输入文件名“6-1”，单击“保存”按钮。

（3）进行字符格式设置。

①选中“匆匆”，在“开始”选项卡“字体”组中的“字体”下拉列表框中选择“黑体”；在“字号”下拉列表框中选择“二号”；单击“带圈字符”按钮，打开“带圈字符”对话框，样式选择“增大圈号”，圈号选择第一个圆圈，单击“确定”按钮；选中第二个“匆”，单击“带圈字符”按钮，重复设置。

②选中正文第1段中的“我们的日子为什么一去不复返呢”，单击“开始”选项卡“字体”组中的“倾斜”按钮，单击“字体颜色”下拉按钮，在弹出的字体颜色库中选择“红色”，单击“字符边框”按钮，在“段落”组中单击“中文版式”下拉按钮，在下拉菜单中选择“字符缩放”→“150%”命令。

③选中正文第1段中的“藏在何处”，单击“开始”选项卡“字体”组右下角的对话框启动器，打开“字体”对话框。在“字体”选项卡的“效果”栏中勾选“双删除线”复选框，单击“确定”按钮。

④选中正文第3段“轻轻悄悄地挪移了”，单击“开始”选项卡“字体”组右下角的对话框启动器，打开“字体”对话框。在“字体”选项卡的“中文字体”下拉列表框中选择“华文琥珀”，在“下画线线型”下拉列表框中选择“波浪线”，在“下画线颜色”下拉列表框中选择“蓝色”，单击“确定”按钮。单击“字体”组中的“字符底纹”按钮。

⑤选中正文第3段中的“在叹息里闪过”，单击“开始”选项卡“字体”组右下角的对话框启动器，打开“字体”对话框。在“字体”选项卡的“中文字体”下拉列表框中选择“华文楷体”，在“字号”下拉列表框中选择“三号”，单击“确定”按钮。

⑥选中正文第4段中的“游丝”，在“开始”选项卡“字体”组中的“字号”下拉列表框中选择“四号”。单击“下标”按钮。

⑦选中正文第4段中的“白白走这一遭”，单击“开始”选项卡“字体”组右下角的对话框启动器，打开“字体”对话框。在“字体”选项卡的“着重号”下拉列表框中选择“•”。切换到“高级”选项卡，在“间距”下拉列表框中选择“加宽”，在旁边的“磅值”文本框中选择或输入“1.2磅”，在“位置”下拉列表框中选择“上升”，在旁边的“磅值”文本框中选择或输入“3磅”，单击“确定”按钮。

（4）进行段落格式设置。

**注意：**如果系统自动提供的单位与题目要求不符，不建议直接输入单位，应通过单击“文件”按钮，在菜单中选择“选项”命令，打开“Word选项”对话框。然后切换到“高级”选项卡，在“显示”栏中进行度量单位的设置。一般情况下，如果“度量单位”选择“厘米”，且“以字符宽度为度量单位”复选框也被勾选的话，则默认的缩进单位为“字符”，对应的段落间距和行距单位为“磅”；如果取消勾选“以字符宽度为度量单位”复选框，则缩进单位为“厘米”，对应的段落间距和行距单位为“行”。

①选中标题“匆匆”，单击“开始”选项卡“段落”组右下角的对话框启动器，打开“段落”对话框。在“常规”栏中的“对齐方式”下拉列表框中选择“居中”，在“缩进”栏的“特殊”下拉列表框中选择“(无)”，在“间距”栏的“段后”文本框中选择或输入“12磅”，单击“确定”按钮。

②选中正文第1段，单击“开始”选项卡“段落”组右下角的对话框启动器，在“段落”对话框“常规”栏中的“对齐方式”下拉列表框中选择“分散对齐”，单击“确定”按钮。

③选中正文第2段，单击“开始”选项卡“段落”组右下角的对话框启动器，在“段落”对话框“缩进”栏的“左侧”“右侧”文本框中选择或输入“1厘米”，在“特殊”下拉列表框中选择“悬挂”，并在旁边的“缩进值”文本框中选择或输入“1厘米”，单击“确定”按钮。

④选中正文第3段，单击“开始”选项卡“段落”组右下角的对话框启动器，在“段落”对话框“间距”栏的“行距”下拉列表框中选择“多倍行距”，在旁边的“设置值”文本框中选择或输入“1.75”，单击“确定”按钮。

⑤选中正文第4段，单击“开始”选项卡“段落”组中的“边框”下拉按钮，在下拉菜单中选择“边框和底纹”命令，打开“边框和底纹”对话框。在“边框”选项卡的“设置”栏中选择“阴影”，在“样式”列表框中选择“双实线”，在“颜色”下拉列表框中选择“蓝色”，在“宽度”下拉列表框中选择“0.75磅”。再切换到“底纹”选项卡，在“图案”栏的“样式”下拉列表框中选择“20%”，在“颜色”下拉列表框中选择“黄色”，单击“确定”按钮。

（5）使用格式刷。

①选中正文第1段中的“我们的日子为什么一去不复返呢”，单击“开始”选项卡“剪贴板”组中的“格式刷”按钮，然后拖曳经过正文第5段中的“我们的日子为什么一去不复返呢”。

②选中正文第3段的段落标记符，单击“开始”选项卡“剪贴板”组中的“格式刷”按

钮，然后拖曳经过正文第 5 段的段落标记符。

③选中正文第 3 段中的“轻轻悄悄地挪移了”，双击“开始”选项卡“剪贴板”组中的“格式刷”按钮，然后拖曳经过正文第 3 段中的“日子从水盆里过去”及“日子从饭碗里过去”，再单击“格式刷”按钮。

（6）使用替换命令替换格式。

单击“开始”选项卡“编辑”组中的“替换”按钮，打开“查找和替换”对话框。在“查找内容”下拉列表框中输入“日子”，在“替换为”下拉列表框中输入“日子”，单击“更多”按钮，将光标置于“替换为”下拉列表框中，再单击“格式”下拉按钮，在弹出的下拉菜单中选择“字体”命令，打开“替换字体”对话框。在“字体”选项卡中设置“中文字体”为“华文楷体”，“字体颜色”为“蓝色”，“字形”为“加粗”，单击“确定”按钮，单击“全部替换”按钮并在弹出的对话框中单击“确定”按钮。

（7）进行页面格式设置。

①选中正文第 1 段中的第 1 个字“燕”，单击“插入”选项卡“文本”组中的“首字下沉”下拉按钮，在下拉菜单中选择“首字下沉选项”命令，打开“首字下沉”对话框。在“位置”栏中选择“下沉”，在“选项”栏的“字体”下拉列表框中选择“华文新魏”，在“下沉行数”文本框中选择或输入“2”，在“距正文”文本框中选择或输入“0.3 厘米”，单击“确定”按钮。

②选中正文第 3 段，单击“布局”选项卡“页面设置”组中的“栏”下拉按钮，在下拉菜单中选择“更多栏”命令，打开“栏”对话框。在“预设”栏中选择“两栏”，在“宽度和间距”栏的“宽度”文本框中选择或输入“7 厘米”，勾选“分隔线”复选框，单击“确定”按钮。

③将光标置于文中，单击“插入”选项卡“页眉和页脚”组中的“页眉”下拉按钮，在打开的页眉库中选择“空白”样式，在页眉编辑区输入文字“散文欣赏”，并单击“开始”选项卡“段落”组中的“右对齐”按钮，双击正文区域完成设置。

④将光标置于文中，单击“插入”选项卡“页眉和页脚”组中的“页码”下拉按钮，在下拉菜单中选择“页面底端”命令，在打开的页码库中单击“简单”区中的“普通数字 2”样式。在“页眉和页脚工具”→“页眉和页脚”选项卡“页眉和页脚”组中单击“页码”下拉按钮，在下拉菜单中选择“设置页码格式”命令，打开“页码格式”对话框。在“编号格式”下拉列表框中选择“全角…”，选中“起始页码”单选按钮并在其后的文本框中选择或输入“1”，单击“确定”按钮。在“关闭”组中单击“关闭页眉和页脚”按钮。

⑤选中标题“匆匆”，单击“引用”选项卡“脚注”组右下角的对话框启动器，打开“脚注和尾注”对话框。选中“尾注”单选按钮，再单击“自定义标记”文本框旁边的“符号”按钮，打开“符号”对话框。查找并选中符号“*”，单击“确定”按钮，单击“插入”按钮，在尾注输入区中输入“作者：朱自清（1898—1948），浙江绍兴人，现代作家。”

⑥将光标置于文中，单击“布局”选项卡“页面设置”组右下角的对话框启动器，打开“页面设置”对话框，在“页边距”选项卡的“左”“右”文本框中分别选择或输入“3 厘米”，在“上”文本框中选择或输入“4 厘米”，在“下”文本框中选择或输入“5 厘米”；切换到“纸张”选项卡，在“纸张大小”下拉列表框中选择“A4”，单击“确定”按钮。保存文档。

## 二、验证性实验

### 【实验6-2】 散文排版2。

实验要求

（1）建立一个空白文档，输入下面文字，并以“6-2a.docx”为文件名保存在“D:\Word\”目录下。

春

盼望着，盼望着，东风来了，春天的脚步近了。

一切都像刚睡醒的样子，欣欣然张开了眼。山朗润起来了，水涨起来了，太阳的脸红起来了。

小草偷偷地从土里钻出来，嫩嫩的，绿绿的。园子里，田野里，瞧去，一大片一大片满是的。坐着，躺着，打两个滚，踢几脚球，赛几趟跑，捉几回迷藏。风轻悄悄的，草软绵绵的。

桃树、杏树、梨树，你不让我，我不让你，都开满了花赶趟儿。红的像火，粉的像霞，白的像雪。花里带着甜味儿；闭了眼，树上仿佛已经满是桃儿、杏儿、梨儿。花下成千成百的蜜蜂嗡嗡地闹着，大小的蝴蝶飞来飞去。野花遍地是：杂样儿，有名字的，没名字的，散在草丛里，像眼睛，像星星，还眨呀眨的。

“吹面不寒杨柳风”，不错的，像母亲的手抚摸着你。风里带来些新翻的泥土的气息，混着青草味儿，还有各种花的香，都在微微润湿的空气里酝酿。鸟儿将窠巢安在繁花嫩叶当中，高兴起来了，呼朋引伴地卖弄清脆的喉咙，唱出宛转的曲子，与轻风流水应和着。牛背上牧童的短笛，这时候也成天嘹亮地响着。

雨是最寻常的，一下就是三两天。可别恼。看，像牛毛，像花针，像细丝，密密地斜织着，人家屋顶上全笼着一层薄烟。树叶子却绿得发亮，小草也青得逼你的眼。傍晚时候，上灯了，一点点黄晕的光，烘托出一片安静而和平的夜。乡下去，小路上，石桥边，有撑起伞慢慢走着的人；还有地里工作的农夫，披着蓑，戴着笠的。他们的草屋，稀稀疏疏的，在雨里静默着。

天上风筝渐渐多了，地上孩子也多了。城里乡下，家家户户，老老小小，他们也赶趟儿似的，一个个都出来了。舒活舒活筋骨，抖擞抖擞精神，各做各的一份事去。“一年之计在于春”，刚起头儿，有的是工夫，有的是希望。

春天像刚落地的娃娃，从头到脚都是新的，它生长着。

春天像小姑娘，花枝招展的，笑着，走着。

春天像健壮的青年，有铁一般的胳膊和腰脚，领着我们上前去。

（2）打开“6-2a.docx”，将标题“春”设置为小二、蓝色、楷体、加粗、居中、加菱形圈号、增大圈号，并添加文字黄色底纹，文字绿色阴影边框，框线粗 1.5 pt，将正文各段的段后间距均设置为 8 pt。

（3）将正文第 1 段（盼望着……脚步近了。）中文字的字符间距设置为加宽 3 pt，段前间距设置为 18 pt，首字下沉，下沉行数为 2，距正文 0.2 cm。

（4）将正文第2段改为繁体字，在正文第2段、第3段前加项目符号“◆”

（5）将正文第4段（桃树……还眨呀眨的。）左、右各缩进1 cm，首行缩进0.9 cm，行距设置为18 pt。

（6）为正文第5段（“吹面不寒杨柳风”……这时候也成天嘹亮地响着。）设置段落蓝色边框、段落绿色底纹，并分为等宽三栏，栏宽为3.45 cm，栏间加分隔线。

（7）将正文第6段（雨是最寻常的……在雨里静默着。）左、右各缩进2 cm，悬挂缩进1.2 cm，左对齐。

（8）查找文中“春天”的个数，将正文中的第一个“春天”设置为小四、绿色、加粗，添加文字黄色底纹，利用格式刷复制该格式到正文中所有的“春天”中。

（9）利用“替换”功能，将正文中所有的“花”设置为楷体、小三、倾斜、红色。

（10）将文档页面的纸张设置为“A4”，设置左、右页边距各为2 cm，上、下页边距各为2.5 cm。

（11）在文档的页面底端以居中对齐方式插入页码并将初始页码设置为全角字符的“1”。

（12）设置自己喜欢的页眉样式，添加页眉内容“朱自清名作欣赏”，对齐方式为左对齐。

（13）为标题文字“春”插入尾注内容“现代作家朱自清作品”，尾注引用标记为“♣”。

（14）将文档打印预览后以文件名“6-2b.docx”另存在“D:\Word\”目录下。

文档排版后，效果如图2-2所示。

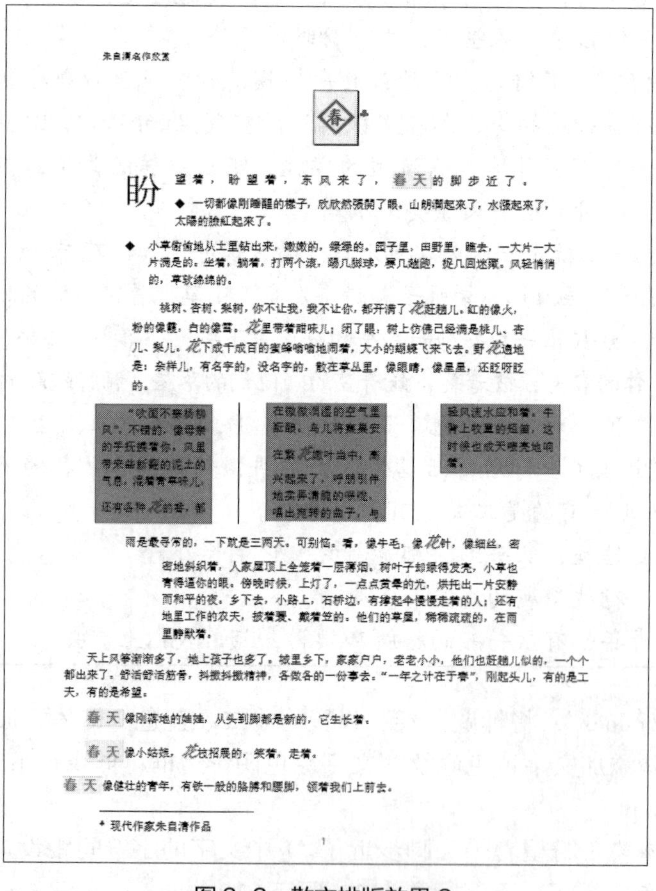
朱自清名作欣赏

春♣

盼望着，盼望着，东风来了，春天的脚步近了。

◆ 一切都像剛睡醒的樣子，欣欣然張開了眼。山朗潤起來了，水漲起來了，太陽的臉紅起來了。

◆ 小草偷偷地从土里钻出来，嫩嫩的，绿绿的。园子里，田野里，瞧去，一大片一大片满是的。坐着，躺着，打两个滚，踢几脚球，赛几趟跑，捉几回迷藏。风轻悄悄的，草软绵绵的。

桃树、杏树、梨树，你不让我，我不让你，都开满了花赶趟儿。红的像火，粉的像霞，白的像雪。花里带着甜味儿；闭了眼，树上仿佛已经满是桃儿、杏儿、梨儿。花下成千成百的蜜蜂嗡嗡地闹着，大小的蝴蝶飞来飞去。野花遍地是：杂样儿，有名字的，没名字的，散在草丛里，像眼睛，像星星，还眨呀眨的。

“吹面不寒杨柳风”，不错的，像母亲的手抚摸着你。风里带来些新翻的泥土的气息，混着青草味儿，还有各种花的香，都在微微润湿的空气里酝酿。鸟儿将巢安在繁花嫩叶当中，高兴起来了，呼朋引伴地卖弄清脆的喉咙，唱出宛转的曲子，与轻风流水应和着。牛背上牧童的短笛，这时候也成天嘹亮地响着。

雨是最寻常的，一下就是三两天。可别恼。看，像牛毛，像花针，像细丝，密密地斜织着，人家屋顶上全笼着一层薄烟。树叶子却绿得发亮，小草也青得逼你的眼。傍晚时候，上灯了，一点点黄晕的光，烘托出一片安静而和平的夜。乡下去，小路上，石桥边，有撑起伞慢慢走着的人；还有地里工作的农夫，披着蓑、戴着笠的。他们的草屋，稀稀疏疏的，在雨里静默着。

天上风筝渐渐多了，地上孩子也多了。城里乡下，家家户户，老老小小，他们也赶趟儿似的，一个个都出来了。舒活舒活筋骨，抖擞抖擞精神，各做各的一份事去。“一年之计在于春”，刚起头儿，有的是工夫，有的是希望。

春天像刚落地的娃娃，从头到脚都是新的，它生长着。

春天像小姑娘，花枝招展的，笑着，走着。

春天像健壮的青年，有铁一般的胳膊和腰脚，领着我们上前去。

♣ 现代作家朱自清作品

1

图2-2 散文排版效果2

## 三、设计性实验

对实验 5-1 中输入的文字，根据个人审美和爱好进行个性化排版，尽量用到学过的文档排版知识。

# 实验 7 Word 2016 表格制作及对象操作

## 实验目的

- 熟练掌握建立表格及输入内容的方法。
- 熟练掌握编辑表格的方法。
- 掌握表格计算和排序的方法。
- 熟练掌握表格格式化的方法。
- 熟练掌握图片插入、编辑和格式化的方法。
- 掌握绘制图形的方法。
- 掌握文本框、艺术字的使用。
- 掌握在文档中插入公式的方法。
- 掌握图片和文字混合排版的方法。

## 一、基础实验

【实验 7-1】 制作课程表，效果如图 2-3 所示。

<table>
<tr><th colspan="7">课程表</th></tr>
<tr><th colspan="2">星期<br>节次</th><th>星期一</th><th>星期二</th><th>星期三</th><th>星期四</th><th>星期五</th></tr>
<tr><td rowspan="4">上午</td><td rowspan="4">1~4节</td><td></td><td></td><td></td><td></td><td></td></tr>
<tr><td></td><td></td><td></td><td></td><td></td></tr>
<tr><td></td><td></td><td></td><td></td><td></td></tr>
<tr><td></td><td></td><td></td><td></td><td></td></tr>
<tr><td rowspan="3">下午</td><td rowspan="3">5~7节</td><td></td><td></td><td></td><td></td><td></td></tr>
<tr><td></td><td></td><td></td><td></td><td></td></tr>
<tr><td></td><td></td><td></td><td></td><td></td></tr>
</table>

图 2-3 课程表效果

实验要求

（1）插入表格，调整表格的大小。

（2）设置表格的行高和列宽。

（3）合并与拆分单元格，实现不规则单元格的设置。

（4）设置斜线表头。在表格中输入文字，并使文字相对单元格居中对齐。

（5）为表格设置不同线型和颜色的边框，为单元格添加底纹。

（6）将文件保存到“D:\Word\”目录下，命名为“7-1.docx”。

操作步骤

（1）进入文件资源管理器，在左侧选中 D 盘，在右侧窗口中查看是否存在“Word”文件夹（若不存在，则在 D 盘中新建“Word”文件夹）。

（2）启动 Word 2016，进入 Word 2016 的工作窗口。

（3）在文档第 1 行输入“课程表”，再选中文字，使用“开始”选项卡“字体”组中的相应下拉列表框和按钮设置字体为“黑体”，字号为“三号”，并设置对齐方式为“居中”。

（4）将光标移到第 2 行，单击“插入”选项卡“表格”组中的“表格”下拉按钮，在下拉菜单中选择“插入表格”命令，打开“插入表格”对话框。在“行数”文本框中选择或输入“8”，在“列数”文本框中选择或输入“6”，单击“确定”按钮。将光标放到表格中，拖动表格右下角的小方格调整表格大小。

（5）选中表格，在“表格工具”→“布局”选项卡“单元格大小”组中的“高度”文本框中选择或输入“1.2 厘米”，在“宽度”文本框中选择或输入“2 厘米”。

（6）选中表格第 1 列的第 2 ~ 5 行并右击，在弹出的快捷菜单中选择“合并单元格”命令。选中修改后的表格的第 1 列的第 3 ~ 5 行并右击，在弹出的快捷菜单中选择“合并单元格”命令。

（7）选中表格第 1 列第 2 行并右击，在弹出的快捷菜单中选择“拆分单元格”命令，打开“拆分单元格”对话框。在“行数”文本框中选择或输入“1”，在“列数”文本框中选择或输入“2”，单击“确定”按钮。同样，选中表格第 1 列第 3 行，将其拆分为 1 行 2 列。

（8）单击第 1 个单元格，单击“插入”选项卡“插图”组中的“形状”下拉按钮，在打开的形状库的“线条”区中选择直线图标，在第 1 个单元格左上角顶点处单击并按住鼠标左键拖动至单元格右下角顶点，绘制出斜线表头。此时会出现“绘图工具”→“形状格式”选项卡，在其下“插入形状”组中单击“文本框”右侧的下拉按钮，选择“绘制横排文本框”命令，在斜线表头单元格的适当位置绘制一个文本框，输入“星”字。

（9）选中“星”文本框并右击，在弹出的快捷菜单中选择“设置形状格式”命令，打开“设置形状格式”任务窗格。在“填充”和“线条”选项中分别选中“无填充”和“无线条”单选按钮，单击“关闭”按钮。用同样的方法制作出斜线表头中的“期”“节”“次”等字（或者直接选中“星”文本框进行复制，再进行三次粘贴，直接修改后续三个文本框中的文字，调整位置即可）。

（10）在表格其他单元格中输入相应内容，然后选中整个表格中的文字，在“表格工具”→“布局”选项卡“对齐方式”组中单击“水平居中”按钮。

（11）在“表格工具”→“表设计”选项卡“边框”组中单击“边框样式”下拉按钮，在下拉菜单中选择“单实线 1 1/2 pt”，在“笔画粗细”下拉列表框中选择“2.25 磅”，在“笔颜色”下拉列表框中选择“蓝色”，重画表格的外框线。

（12）同样地，在“边框样式”下拉菜单中选择“双实线 1/2 pt”，在“笔画粗细”下拉列表框中选择“1.5 磅”，在“笔颜色”下拉列表框中选择“红色”，重画“上午”和“下午”之间的分隔线。

（13）选中第一行所在的所有单元格，在“表格工具”→“表设计”选项卡“表格样式”组中单击“底纹”下拉按钮，在打开的颜色库中选择“黄色”；选中“上午”和“下午”所在的单元格，单击“底纹”下拉按钮，在打开的颜色库中选择“橙色”；选中“1 ~ 4 节”和“5 ~ 7 节”所在的单元格，单击“底纹”下拉按钮，在打开的颜色库中选择“绿色”。

（14）单击“文件”按钮，在菜单中选择“保存”→“浏览”命令，在“另存为”对话框中打开“D:\Word\”文件夹，在“文件名”下拉列表框中输入“7–1”，单击“保存”按钮。

## 【实验 7–2】 制作统计表，效果如图 2–4 所示。

### 实验要求

（1）新建 Word 文档并命名为“7–2a.docx”，保存在“D:\Word\”目录下。利用制表位功能，在“7–2a.docx”中制作如图 2–4 所示的“乐器销售表”。要求第一列数据居中对齐，第二列数据右对齐，第三列数据小数点对齐。

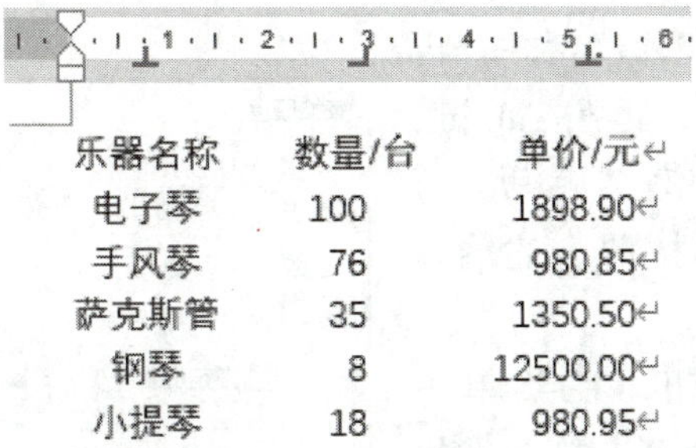


图 2–4 乐器销售表

（2）将“7–2a.docx”中的文本转换成 6 行 4 列的表格，并以“7–2b.docx”为文件名保存在“D:\Word\”目录下。

（3）将“7–2b.docx”中的表格转换成文本，并用逗号作为分隔符，以“7–2c.docx”为文件名保存在相同目录下。

（4）打开“7–2b.docx”，按以下要求进行修改，结果如图 2–5 所示。

①将表格第 4 列（空白列）删除。

②在表格最右边插入一空列，输入列标题“金额 / 元”，在“金额 / 元”列中的相应单元格中，按公式“金额＝单价 × 数量”计算并填充左侧乐器的合计金额（要求保留两位小数），最后按“金额 / 元”降序排列表格内容。

③表格自动套用样式“网格表 4– 着色 1”，并将表格居中。

④在表格顶端添加表格标题“乐器销售统计表”，将标题设置为四号、黑体、加粗、居中，以原文件名保存文档。

| 乐器销售统计表 | | | |
|---|---|---|---|
| 乐器名称 | 数量/台 | 单价/元 | 金额/元 |
| 电子琴 | 100 | 1898.90 | 189890.00 |
| 钢琴 | 8 | 12500.00 | 100000.00 |
| 手风琴 | 76 | 980.85 | 74544.60 |
| 萨克斯管 | 35 | 1350.50 | 47267.50 |
| 小提琴 | 18 | 980.95 | 17657.10 |

图 2-5　乐器销售统计表

操作步骤

（1）启动 Word 2016，进入 Word 2016 工作窗口。

（2）单击“开始”选项卡“段落”组右下角的对话框启动器，打开“段落”对话框。在“缩进和间距”选项卡的左下角单击“制表位”按钮，打开“制表位”对话框。

（3）在“制表位位置”文本框中输入“2 字符”，在“对齐方式”栏中选中“居中对齐”单选按钮，在“引导符”栏中选中“无”单选按钮，单击“设置”按钮；

继续在“制表位位置”文本框中输入“8 字符”，在“对齐方式”栏中选中“右对齐”单选按钮，在“引导符”栏中选中“无”单选按钮，单击“设置”按钮；

继续在“制表位位置”文本框中输入“14 字符”，在“对齐方式”栏中选中“小数点对齐”单选按钮，在“引导符”栏中选中“无”单选按钮，单击“设置”按钮，最后单击“确定”按钮。

（4）按 Tab 键，输入“乐器名称”；再按 Tab 键，输入“数量 / 台”；再按 Tab 键，输入“单价 / 元”；按 Enter 键结束第 1 行的输入，光标移到下一行。按照上述输入方法继续完成其他行的输入。

（5）单击“文件”按钮，在菜单中选择“保存”→“浏览”命令，打开“另存为”对话框。在地址下拉列表框中选择“D:\Word\”目录，在“文件名”下拉列表框中输入“7–2a”，单击“保存”按钮。

（6）选中文字内容，单击“插入”选项卡“表格”组中的“表格”下拉按钮，在下拉菜单中选择“文本转换成表格”命令，打开“将文字转换成表格”对话框。在“列数”文本框中输入或选择“4”，行数默认为“6”，单击“确定”按钮。然后右击表格，在弹出的快捷菜单中选择“表格属性”命令，打开“表格属性”对话框，在“列”选项卡下，勾选“指定宽度”复选框并指定宽度为“3 厘米”，如图 2–6 所

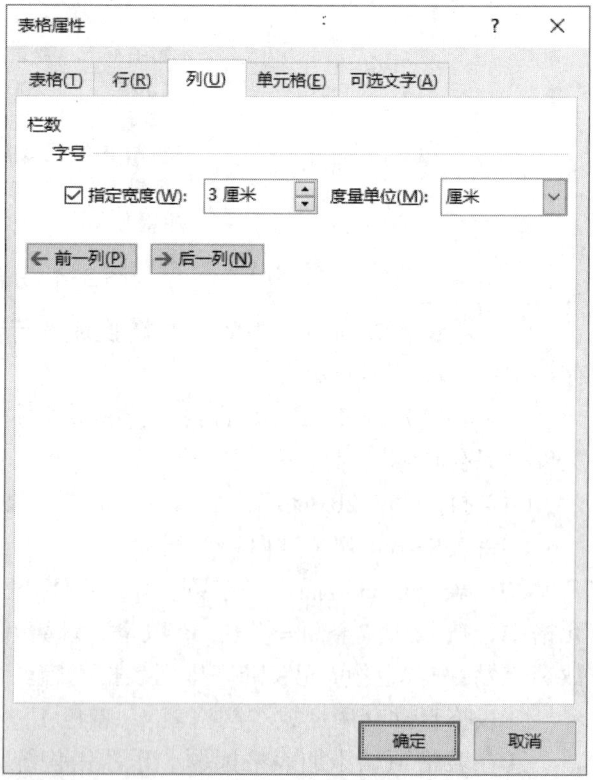


图 2–6　“表格属性”对话框中的“列”选项卡

示，单击“确定”按钮。

（7）单击“文件”按钮，在菜单中选择“另存为”→“浏览”命令，打开“另存为”对话框。在地址下拉列表框中选择“D:\Word\”目录，在“文件名”下拉列表框中输入“7–2b”，单击“保存”按钮。

（8）选中表格，单击“表格工具”→“布局”选项卡“数据”组中的“转换为文本”按钮，打开“表格转换成文本”对话框。在“文字分隔符”栏中选中“逗号”单选按钮，单击“确定”按钮。

（9）单击“文件”按钮，在菜单中选择“另存为”→“浏览”命令，打开“另存为”对话框。在地址下拉列表框中选择“D:\Word\”目录，在“文件名”下拉列表框中输入“7–2c”，单击“保存”按钮。

（10）关闭当前的“7–2c.docx”文档窗口，在文件资源管理器中打开“7–2b.docx”，选中表格第4列并右击，在弹出的快捷菜单中选择“删除列”命令。选中表格第3列，单击“表格工具”→“布局”选项卡“行和列”组中的“在右侧插入”按钮，在右边插入空列。单击该列的第1个单元格，输入“金额/元”。

（11）单击表格第4列的第2个单元格，单击“表格工具”→“布局”选项卡“数据”组中的“公式”按钮，打开“公式”对话框。在“公式”文本框中输入“= B2*C2”，在“编号格式”下拉列表框中选择“0.00”，单击“确定”按钮。再依次单击该列的第3到第6个单元格，用同样的方法计算出金额（在“公式”文本框中依次输入的是“= B3*C3”“= B4*C4”“= B5*C5”“= B6*C6”）。选中“金额/元”列，单击“数据”组中的“排序”按钮，打开“排序”对话框。在“主要关键字”栏中选中“降序”单选按钮，如图2–7所示，单击“确定”按钮。

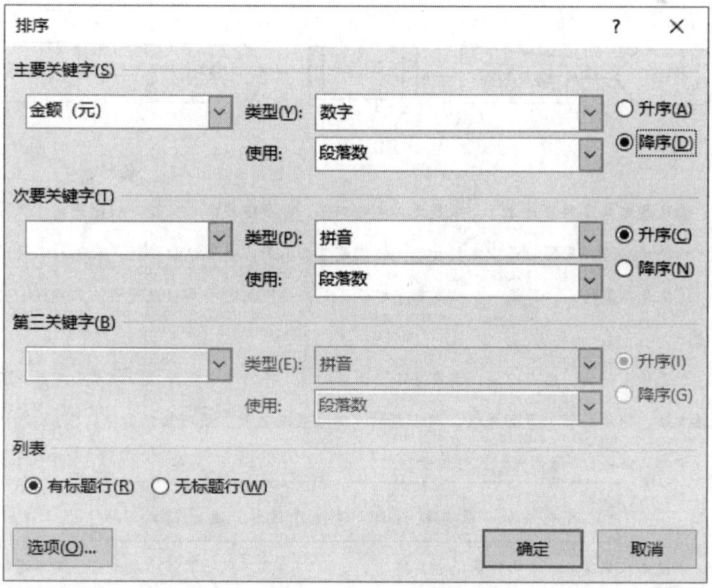


图2–7 “排序”对话框

（12）选中整个表格，在“表格工具”→“表设计”选项卡“表格样式”组中的样式库中选择“网格表4–着色1”。单击“开始”选项卡“段落”组中的“居中”按钮，使表格居中。

（13）在表格前插入标题的方法是将光标移到第一行第一列文字最左侧，按 Enter 键，在表格上方产生一个空行，输入标题“乐器销售统计表”。选中标题，在“开始”选项卡“字体”组中的“字体”下拉列表框中选择“黑体”，在“字号”下拉列表框中选择“四号”，单击“加粗”按钮，单击“段落”组中的“居中”按钮。将修改后的内容保存，完成操作。

【实验 7-3】 制作图形图像手抄报，效果如图 2-8 所示。

图形图像手抄报

公式（图形）：

$$p(a \le x \le b) = \sqrt[3]{(x^2+2x+10)}, e^x = 1 + x + \frac{x^2}{2!} + \frac{x^3}{3!} + \cdots + \frac{x^n}{n!}$$

图片（图像）：

流程图（图形）：

图上的文字：

忽然想起采莲的事情来了。采莲是江南的旧俗，似乎很早就有，而六朝时为盛；从诗歌里可以约略知道。采莲的是少年的女子，她们是荡着小船，唱着艳歌去的。采莲人不用说很多，还有看采莲的人。那是一个热闹的季节，也是一个风流的季节。梁元帝《采莲赋》里说得好：

于是妖童媛女，荡舟心许；鹢首徐回，兼传羽杯；棹将移而藻挂，船欲动而萍开。尔其纤腰束素，迁延顾步；夏始春余，叶嫩花初，恐沾裳而浅笑，畏倾船而敛裾。

于是又记起，《西洲曲》里的句子：

采莲南塘秋，莲花过人头；低头弄莲子，莲子清如水。

今晚若有采莲人，这儿的莲花也算得“过人头”了；只不见一些流水的影子，是不行的。这令我到底惦着江南了。——这样想着，猛一抬头，不觉已是自己的门前；轻轻地推门进去，什么声息也没有，妻已睡熟好久了。

图 2-8　图形图像手抄报

**实验要求**

（1）文件保存在“D:\Word\”目录下，文件名为“7–3.docx”。

（2）在文档开始位置插入艺术字“图形图像手抄报”作为标题，环绕方式设置为“上下型环绕”，字号为“小一”，艺术字样式为“渐变填充：蓝色，主题色 5；映像”，艺术字的文字效果为右上透视、波形下、“发光：8 磅；蓝色，主题色 5”。适当调整艺术字的大小，位置居中。

（3）在艺术字下方插入如图 2–8 所示的公式及相关信息。

（4）在公式下方插入图片“荷塘 .jpg”（可以是其他与荷塘有关的图片）并进行适当调整，如增加对比度、降低亮度等，环绕方式设置为“嵌入型”。

（5）绘制自选图形“椭圆”和“十字形”，并对已绘制的图形进行如下修改。

①通过“椭圆”绘制圆形，设置其填充色为黄色，设置为“发光：5 磅；金色，主题色 4”。

②将已绘制的十字形复制为两个。将两个十字形和圆形组合成一个整体，调整这个组合对象的大小，并将其移动到图片“荷塘 .jpg”的右上角。

（6）插入流程图并添加文字，环绕方式设置为“上下型环绕”。

（7）把第 2 张图片“采莲 .jpg”（可以是其他与荷花有关的图片）调整到适当大小，将图片设置为“冲蚀”效果，环绕方式设置为“衬于文字下方”。

（8）为“采莲南塘秋，莲花过人头；低头弄莲子，莲子清如水。”添加文本框，设置文字环绕方式为“上下型环绕”。

**操作步骤**

（1）启动 Word 2016，进入 Word 2016 工作窗口。

（2）单击“插入”选项卡“文本”组中的“艺术字”下拉按钮，在打开的艺术字样式库中选择“渐变填充：蓝色，主题色 5；映像”，输入文字“图形图像手抄报”。选中输入的文字，在“绘图工具”→“形状格式”选项卡“艺术字样式”组中单击“文字效果”下拉按钮，在打开的文字效果库中选择“阴影”，在打开的级联菜单“透视”区中选择“透视：右上”；再次单击“文字效果”下拉按钮，在打开的文字效果库中选择“发光”，在“发光变体”区中选择“发光：8 磅；蓝色，主题色 5”；继续单击“文字效果”下拉按钮，在打开的文本效果库中选择“转换”，在“弯曲”区中选择“波形：下”。拖动“图形图像手抄报”艺术字四周的尺寸句柄，适当调整大小，并将其移动到合适的位置，单击艺术字右上方浮现的“布局选项”按钮，在弹出的下拉列表中选择“上下型环绕”。

（3）在艺术字下方适当位置输入文字“公式（图形）：”，利用“开始”选项卡“字体”组中的相应按钮设置其字体为“华文行楷”，字号为“小四”，对齐方式为“左对齐”。

（4）定位光标，单击“插入”选项卡“符号”组中的“公式”下拉按钮，在下拉菜单中选择“插入新公式”命令。利用“公式工具”→“公式”选项卡中的相应按钮在公式编辑区内输入：

$$p(a \leqslant x \leqslant b)=\sqrt[3]{(x^2+2x+10)},\ e^x=1+x+\frac{x^2}{2!}+\frac{x^3}{3!}+\cdots+\frac{x^n}{n!}$$

输入完毕后在公式编辑区外的空白处单击，结束输入。选中公式，将其字号设置为“小四”，对齐方式为“居中”。

（5）在公式下方适当位置输入文字“图片（图像）：”，利用“开始”选项卡“字体”组中的相应按钮设置其字体为“华文楷体”，字号为“四号”，对齐方式为“居中对齐”。

（6）定位光标，单击“插入”选项卡“插图”组中的“图片”下拉按钮，在下拉菜单中选择“此设备”命令，打开“插入图片”对话框，选择并插入准备好的“荷塘.jpg”文件。选中图片，拖动尺寸句柄，适当调整大小，在“开始”选项卡“段落”组中单击“居中”按钮。在“图片工具”→“图片格式”选项卡“调整”组中单击“校正”下拉按钮，在“亮度/对比度”区中选择合适的效果；接着在“排列”组中单击“环绕文字”下拉按钮，在打开的下拉菜单中选择“嵌入型”命令。

（7）单击“插入”选项卡“插图”组中的“形状”下拉按钮，在形状库中的“基本形状”区中选择“椭圆”，在图片右上角的地方画好圆月（拖曳椭圆时，按住Shift键不动，即可画出圆形），并拖动尺寸句柄适当改变大小和形状。在“绘图工具”→“形状格式”选项卡“形状样式”组中单击“形状填充”下拉按钮，选择“黄色”。在“形状样式”组中单击“形状效果”下拉按钮，选择“发光”，在“发光变体”区中选择“发光：5磅；金色，主题色4”。用同样的方法画好十字形，并复制一个，分别修改每个图形的形状，调整图形的角度，设置图形的填充色，并将图形移动到合适的位置。按住Shift键，依次单击圆形和每个十字形，再在图形上右击，在弹出的快捷菜单中选择“组合”→“组合”命令，调整这个组合对象的大小并将其移动到图片“荷塘.jpg”的右上角。

（8）在图片下方的适当位置输入文字“流程图（图形）：”，利用“开始”选项卡“字体”组中的相应按钮设置其字体为“华文楷体”，字号为“四号”，对齐方式为“右对齐”。

（9）定位光标，单击“插入”选项卡“插图”组中的“形状”下拉按钮，在形状库中选择“流程图”区的相应图形，画在合适的地方并在其中添加文字。选中流程图中的图形并右击，在弹出的快捷菜单中选择“组合”→“组合”命令，选中组合对象，在“绘图工具”→“形状格式”选项卡“排列”组中单击“环绕文字”下拉按钮，在打开的下拉菜单中选择“上下型环绕”命令。

（10）在流程图下方的适当位置输入文字“图上的文字：”，利用“开始”选项卡“字体”组中的相应按钮设置其字体为“华文行楷”，字号为“小四”，对齐方式为“左对齐”。

（11）输入文字“忽然想起采莲的事情来了。……妻已睡熟好久了。”，设置其字体为“华文楷体”，字号为“五号”，单击“开始”选项卡“段落”组中的“行和段落间距”下拉按钮，设置行距为“1.5”。

（12）单击“插入”选项卡“插图”组中的“图片”下拉按钮，在下拉菜单中选择“此设备”命令，打开“插入图片”对话框，选择并插入准备好的“采莲.jpg”文件，拖动尺寸句柄调整图片大小。单击“图片工具”→“图片格式”选项卡“调整”组中的“颜色”下拉按钮，在打开的颜色库中的“重新着色”区中选择“冲蚀”。在“排列”组中单击“环绕文字”下拉按钮，在下拉菜单中选择“衬于文字下方”命令。

（13）单击“插入”选项卡“插图”组中的“形状”下拉按钮，在打开的形状库的“基本形状”区中选择“文本框”，画在文字中合适的位置上。选中文字“采莲南塘秋，莲花过人头；低头弄莲子，莲子清如水。”，按快捷键Ctrl+X，再单击文本框，按快捷键Ctrl+V，将文字移入文本框，设置字体为“华文新魏”，字号为“小四”。

（14）选中文本框并右击，在弹出的快捷菜单中选择“设置形状格式”命令，弹出“设置形状格式”任务窗格。在“填充”区中选中“渐变填充”单选按钮，在“预设渐变”下拉列表框中选择“浅色渐变-个性色6”，在“类型”下拉列表框中选择“射线”，单击“方向”下拉按钮，在库中选择“从中心”，单击文本框右上方浮现的“布局选项”按钮，在弹出的下拉列表中选择“上下型环绕”。

（15）单击“文件”按钮，在菜单中选择“保存”→“浏览”命令，打开“另存为”对话框。在地址下拉列表框中选择或输入“D:\Word\”，在“文件名”下拉列表框中输入“7-3”，单击“保存”按钮。

## 二、验证性试验

**【实验 7-4】 建立如图 2-9 所示的表格，以文件名“7-4.docx”保存在“D:\Word\”目录下，并进行以下操作。**

| | 一季度 / 元 | 二季度 / 元 | 三季度 / 元 | 四季度 / 元 |
|---|---|---|---|---|
| 福星店 | 2824 | 2239 | 2569 | 3890 |
| 西湖店 | 2589 | 3089 | 4120 | 4500 |
| 盐城店 | 1389 | 2209 | 2556 | 3902 |
| 南山店 | 1120 | 2498 | 3001 | 3450 |

图 2-9 便民集团销售统计表

（1）在表格底部添加一空行，在该行第 1 个单元格内输入行标题“平均值”，在该行其余单元格中计算并填充相应列中数据的平均值，平均值保留一位小数。

（2）在表格最右边添加一列，列标题为“全年 / 元”，计算各店全年销售额的总和，按“全年 / 元”列降序排列表格内容。

（3）表格中第 1 行和第 1 列内容水平方向居中对齐，其他单元格内容水平方向两端对齐，垂直方向底端对齐。

（4）表格自动套用样式“网格表 4- 着色 5”，并将表格居中。

（5）在表格顶端添加标题“便民集团销售统计表”，并设置为小二号、楷体、加粗，居中，最后以原文件名保存文档，效果如图 2-10 所示。

**便民集团销售统计表**

| | 一季度 / 元 | 二季度 / 元 | 三季度 / 元 | 四季度 / 元 | 全年 / 元 |
|---|---|---|---|---|---|
| 西湖店 | 2589 | 3089 | 4120 | 4500 | 14298 |
| 福星店 | 2824 | 2239 | 2569 | 3890 | 11522 |
| 南山店 | 1120 | 2498 | 3001 | 3450 | 10069 |
| 盐城店 | 1389 | 2209 | 2556 | 3902 | 10056 |
| 平均值 | 1980.5 | 2508.8 | 3061.5 | 3935.5 | |

图 2-10 表格计算和格式化效果

**【实验 7-5】 打开前面保存在“D:\Word\”目录下的“6-2a.docx”文件，将前 5 段正文复制到一个新文件中，各段之间空一行，并以“7-5.docx”为文件名将其保存在“D:\Word\”目录下，然后进行如下操作。**

（1）在第 1 段前插入艺术字“美丽的春天”，样式为“半透明 - 蓝色，强调颜色 1，无轮廓”，形状效果为“发光：5 磅；橙色，主题色 2”，文字效果为“紧密映像：接触”。

（2）插入图片（可从网络下载），缩小到 20%，环绕方式为“紧密型环绕”；插入另一张图片，环绕方式为“衬于文字下方”，并作为水印放在合适位置。

（3）插入竖排文本框，样式为“细微效果 – 橙色，强调颜色 2”，形状效果为“阴影”→“透视：右上”。

（4）在文末输入任意公式，并设置填充色为“青绿”。

（5）将文档以原文件名保存。

## 三、设计性实验

（1）收集文字和相关素材制作一个手抄报，自选主题（体育、文学等），要求为 A3 横向版面，图文并茂。

（2）制作一个自我介绍的 Word 文档，要求图文并茂兼具表格。图形可以是自画像或数码相片。表格是个人简历，包括姓名、性别、出生年月、民族、籍贯、身高、体重、个人经历等，其格式可以参考图 2–11。

个人简历

<table>
<tr><td>姓名</td><td>性别</td><td>出生年月</td><td>民族</td><td rowspan="4"></td></tr>
<tr><td></td><td></td><td></td><td></td></tr>
<tr><td>籍贯</td><td>身高</td><td>体重</td><td>身体状况</td></tr>
<tr><td></td><td></td><td></td><td></td></tr>
<tr><td colspan="5">个人经历：</td></tr>
<tr><td colspan="5">自我鉴定：</td></tr>
<tr><td colspan="5">业余爱好：</td></tr>
</table>

图 2–11　个人简历示例

# 习 题

## 一、选择

1. 在 Word 2016 中，当前输入的文字被显示在（ ）。

A. 文档的尾部　　B. 鼠标指针位置

C. 光标位置　　D. 当前行的行末

2. 在 Word 2016 中，可以利用（ ）很直观地改变段落的缩进方式，调整左、右边界和改变表格的列宽。

A.“开始”选项卡　　B. 滚动条

C.“格式”选项卡　　D. 标尺

3. 在 Word 2016 的（ ）视图方式下，可以显示分页效果。

A. 阅读　　B. 大纲　　C. 页面　　D.Web 版式

4. 对 Word 2016 表格的一行左边的所有数据进行求和，下列公式正确的是（ ）。

A. =average(left)　　B. =average(above)

C. =sum(left)　　D. =sum(above)

5. 在编辑状态下，进行字体设置操作后，按新设置的字体显示的文字是（ ）。

A. 光标所在段落中的文字　　B. 文档中被选中的文字

C. 光标所在行中的文字　　D. 文档的全部文字

6. 打开 Word 2016，段落的默认对齐方式是（ ）。

A. 左对齐　　B. 居中对齐　　C. 两端对齐　　D. 分散对齐

7. 下列选项中，对 Word 2016 中撤销操作描述正确的是（ ）。

A. 不能方便地撤销已经做过的编辑操作

B. 能方便地撤销已经做过的一定数量的编辑操作

C. 能方便地撤销已经做过的任何数量的编辑操作

D. 不能撤销已做过的编辑操作，也不能恢复

8. 下列选项中，对 Word 2016 中图形操作描述错误的是（ ）。

A. 可以移动图片

B. 可以复制图片

C. 可以编辑图片

D. 既不可以按百分比缩放图片，也不可以调整图片的颜色

9.Word 2016 具有分栏功能，下列关于分栏的说法中正确的是（ ）。

A. 最多可以设 4 栏　　B. 各栏的宽度必须相同

C. 各栏的宽度可以不同　　D. 各栏之间的间距是固定的

10. 如果需要在 Word 2016 文档中引用其他对象，但该对象的源数据经常发生变化，且希望将这种变化自动地反映出来，那么应在源数据与目的数据间采用（ ）方法来实现信息共享。

A. 复制和粘贴　　B. 嵌入对象　　C. 直接拖曳　　D. 链接对象

11. 在 Word 2016 的编辑状态下，按先后顺序依次打开了 d1.docx，d2.docx，d3.docx，

d4.docx 4 个文档，当前的活动窗口是（　　）文档的窗口。

A. d1.docx　　B. d2.docx　　C. d3.docx　　D. d4.docx

12. 在 Word 2016 中，复制对象操作的第一步是（　　）。

A. 定位光标　　B. 选中对象　　C. Ctrl+C　　D. Ctrl+V

13. 在 Word 2016 中，用拖动鼠标方式进行复制时，需要在（　　）的同时，拖动所选对象到新的位置。

A. 按 Ctrl 键　　B. 按 Shift 键　　C. 按 Alt 键　　D. 不按任何键

14. 在 Word 2016 中，如果已有页眉，再次进入页眉区只需双击（　　）即可。

A. 文本区　　B. “插入”选项卡　　C. 页眉区　　D. “视图”选项卡

15. 在 Word 2016 中，打印范围“3–5, 10, 12”表示打印的页码是（　　）。

A. 3, 4, 5, 10, 12　　B. 5, 5, 5, 10,12

C. 3, 3, 3, 10, 12　　D. 10, 10, 10, 12, 12, 12, 12, 12

16. 下列选项中，关于 Word 2016 中特殊符号的操作，说法错误的是（　　）。

A. 通过“插入”选项卡“符号”组中的“符号”下拉按钮插入

B. 符号也有字体区别

C. 可像处理正文一样处理插入的符号

D. 符号的大小不能改变

17. 在 Word 2016 中，新建文件对应的快捷键是（　　）。

A. Ctrl+A　　B. Ctrl+N　　C. Ctrl+F　　D. Ctrl+S

18. 在 Word 2016 中编辑文档时，文字下面有红色波浪下画线表示（　　）。

A. 已修改过的文档　　B. 对输入的确认

C. 可能是拼写错误　　D. 可能是语法错误

19. 在 Word 2016 中，快捷键 Ctrl+A 的作用等效于用鼠标在文本选定区中（　　）。

A. 单击　　B. 双击　　C. 连击三下　　D. 连击四下

20. 有关 Word 2016 的“审阅”选项卡的“字数统计”命令的说法错误的是（　　）。

A. 可以对段落和页数进行统计　　B. 可以统计空格

C. 可以对行数进行统计　　D. 无法进行中英文统计混合

二、应用

1. 使用 Word 2016 制作一张电子报纸，类别自定，可以是新闻、娱乐、体育等，制作需要的素材如图片、文字均自行从网络上下载。具体要求如下。

（1）A3 版面，横排，分两栏，电子报纸应该内容丰富、排版精致、图文并茂。

（2）电子报纸应该体现 Word 2016 提供的各种排版功能，例如各个部分字体和段落的格式设置、部分文字首字下沉、分栏等，排版效果应不少于 4 个。

（3）综合使用图片、艺术字、文本框、表格等元素，使报纸内容的呈现形式多元化。

（4）电子报纸的排版格式应尽量接近于真实的报纸，也可在此基础上体现电子报纸的特点，例如可添加音频、图片等。

2. 使用图 2–12 所示的 Word 2016 自带的各种模板，快速制作各类文档。

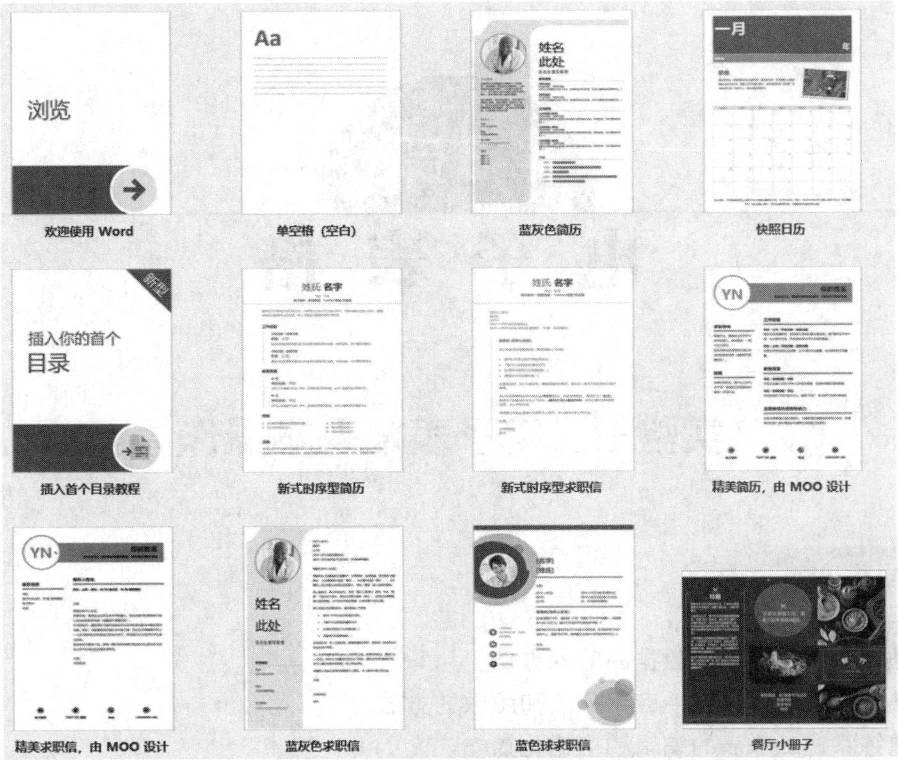


图 2-12 Word 模版

具体要求如下。

（1）使用某个简历模板，快速制作一份简历，单页，要求图文并茂且内容清晰明了。最后生成 PDF 文件并保存在“D:\Word\”目录下。

（2）使用某个求职信模板，快速制作一份求职信，要求同上。

# 第3部分

# 电 子 表 格

## 实验8　电子表格基本操作

### 实验目的

- 熟练掌握工作表中数据的输入方法。
- 熟练掌握在工作表中应用公式和函数的方法。
- 熟练掌握工作表的编辑和格式化操作。
- 熟练掌握图表的创建、编辑和格式化方法。

### 一、基础实验

【实验8–1】 学生成绩表。

实验要求

（1）建立如图3–1所示的学生成绩表，然后将彭佩的英语成绩改为86分，在学生史匀（第11行）前添加郑凯的成绩记录“郑凯、电子系、男、54、68、70”。

| | A | B | C | D | E | F |
|---|---|---|---|---|---|---|
| 1 | 学生成绩表 | | | | | |
| 2 | 姓名 | 单位 | 性别 | 数学 | 英语 | 计算机 |
| 3 | 刘铁 | 电子系 | 男 | 70 | 53 | 66 |
| 4 | 孙刚 | 管理系 | 男 | 80 | 88 | 83 |
| 5 | 陈凤 | 经济系 | 女 | 86 | 77 | 92 |
| 6 | 沈阳 | 电子系 | 男 | 90 | 71 | 86 |
| 7 | 秦强 | 电子系 | 男 | 92 | 78 | 85 |
| 8 | 陆斌 | 管理系 | 男 | 79 | 70 | 90 |
| 9 | 邹蕾 | 经济系 | 女 | 65 | 46 | 72 |
| 10 | 彭佩 | 经济系 | 女 | 77 | 68 | 86 |
| 11 | 史匀 | 经济系 | 男 | 94 | 83 | 90 |

图3–1　学生成绩表

（2）在表格最右边增加一列“总分”，在表格最下边增加一行“各科平均分”，并将结果计算出来。

（3）表格格式化。将 A1:G1 单元格区域合并为一个单元格；标题文字格式为黑体、18 号、加粗，在单元格中水平方向和垂直方向均为居中显示；为工作表加边框线，外框为粗线，内框为细线；为“姓名”所在行添加“浅绿 ”底纹；对不及格的成绩设置格式，颜色为“红色”，加粗倾斜，单元格底纹为“白色，背景 1，深色 25%”。

（4）根据各科成绩和姓名产生一个柱形图，图表标题为“学生成绩表”，横坐标标题为“姓名”，纵坐标标题为“分数”，嵌入到学生成绩表中。

（5）将文件命名为“学生成绩表 .xlsx”，并保存在“D:\Excel\”目录下。

**操作步骤**

（1）进入 D 盘文件夹窗口，在空白处右击，在弹出的快捷菜单中选择“新建”→“文件夹”命令，输入文件夹名“Excel”并按 Enter 键。

（2）启动 Excel 2016，进入 Excel 2016 工作窗口。

（3）选中单元格，输入学生成绩表的内容。其中，“单位”列数据中有许多重复数据，这些数据可以通过 Excel 提供的快速输入法来输入，即输入完第一个字符后，根据系统的提示按 Enter 键完成其他字符的输入。

（4）单击 E10 单元格，将成绩由“68”改为“86”。将光标停留在 A11 单元格上并右击，在弹出的快捷菜单中选择“插入”命令，打开“插入”对话框。选中“整行”单选按钮，如图 3-2 所示，单击“确定”按钮，则在该处插入一行空白单元格，在该行输入郑凯的成绩记录。

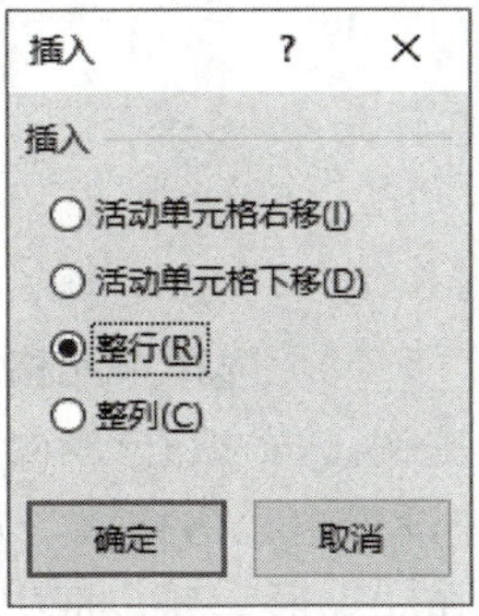

图 3-2 “插入”对话框

（5）双击 G2 单元格，输入“总分”；双击 A13 单元格，输入“各科平均分”。

（6）双击 G3 单元格，单击“公式”选项卡“函数库”组中的“自动求和”下拉按钮，在下拉菜单中选择“求和”命令，确认公式正确后按 Enter 键，如图 3-3 所示，即可自动将求和结果填充到 G3 单元格中。然后用自动填充的方法计算其他同学的总分，即选中 G3 单元格，将鼠标指针移至 G3 单元格的右下角填充柄处，当鼠标指针由空心粗十字变为实心细十字时，按住鼠标左键，拖动至 G12 单元格。

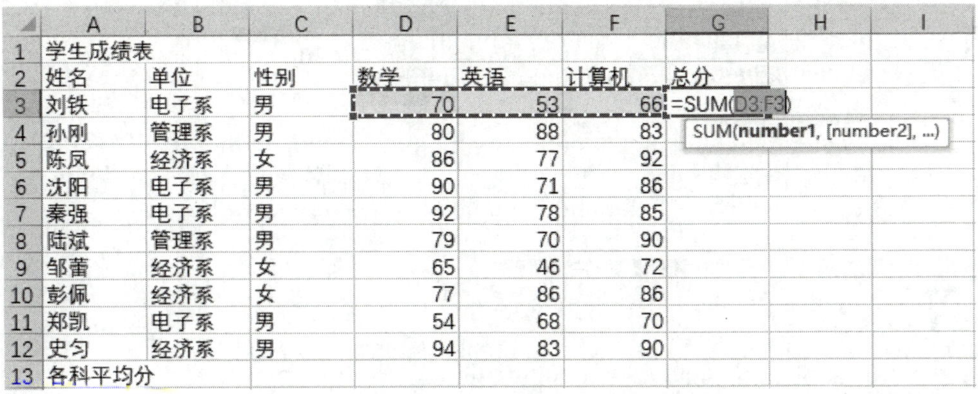

| | A | B | C | D | E | F | G | H | I |
|---|---|---|---|---|---|---|---|---|---|
| 1 | 学生成绩表 | | | | | | | | |
| 2 | 姓名 | 单位 | 性别 | 数学 | 英语 | 计算机 | 总分 | | |
| 3 | 刘铁 | 电子系 | 男 | 70 | 53 | 66 | =SUM(D3:F3) | | |
| 4 | 孙刚 | 管理系 | 男 | 80 | 88 | 83 | SUM(number1, [number2], ...) | | |
| 5 | 陈凤 | 经济系 | 女 | 86 | 77 | 92 | | | |
| 6 | 沈阳 | 电子系 | 男 | 90 | 71 | 86 | | | |
| 7 | 秦强 | 电子系 | 男 | 92 | 78 | 85 | | | |
| 8 | 陆斌 | 管理系 | 男 | 79 | 70 | 90 | | | |
| 9 | 邹蕾 | 经济系 | 女 | 65 | 46 | 72 | | | |
| 10 | 彭佩 | 经济系 | 女 | 77 | 86 | 86 | | | |
| 11 | 郑凯 | 电子系 | 男 | 54 | 68 | 70 | | | |
| 12 | 史匀 | 经济系 | 男 | 94 | 83 | 90 | | | |
| 13 | 各科平均分 | | | | | | | | |

图 3-3　使用“自动求和”进行求和

（7）双击D13单元格，使用插入函数的方法求各科的平均分。单击“公式”选项卡“函数库”组中的“插入函数”按钮，或单击编辑栏中的$f_x$按钮，打开“插入函数”对话框。在“选择函数”列表框中选择“AVERAGE”函数，单击“确定”按钮，打开“函数参数”对话框。在“Number1”文本框中输入“D3:D12”，如图3-4所示，单击“确定”按钮。然后用自动填充的方法求其他学科的平均分。

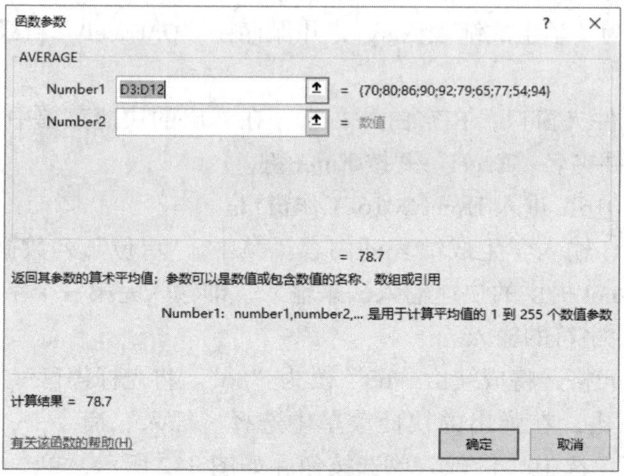


图3-4 “函数参数”对话框

（8）选择单元格区域A1:G1，单击“开始”选项卡“对齐方式”组中的“合并后居中”按钮。再在该单元格上右击，在弹出的快捷菜单中选择“设置单元格格式”命令，打开“设置单元格格式”对话框。切换到“字体”选项卡，在“字体”列表框中选择“黑体”，在“字形”列表框中选择“加粗”，在“字号”列表框中选择“18”，如图3-5所示，然后单击“确定”按钮。

图3-5 “设置单元格格式”对话框的“字体”选项卡

选择单元格区域 A2:G13 并右击，在弹出的快捷菜单中选择“设置单元格格式”命令，打开“设置单元格格式”对话框。切换到“边框”选项卡，在“样式”列表框中选择“粗线”，单击“预置”栏中的“外边框”按钮。接着在“样式”列表框中选择“细线”，单击“预置”栏中的“内部”按钮，如图 3–6 所示。最后单击“确定”按钮，为选中的单元格区域添加外框线和内框线。

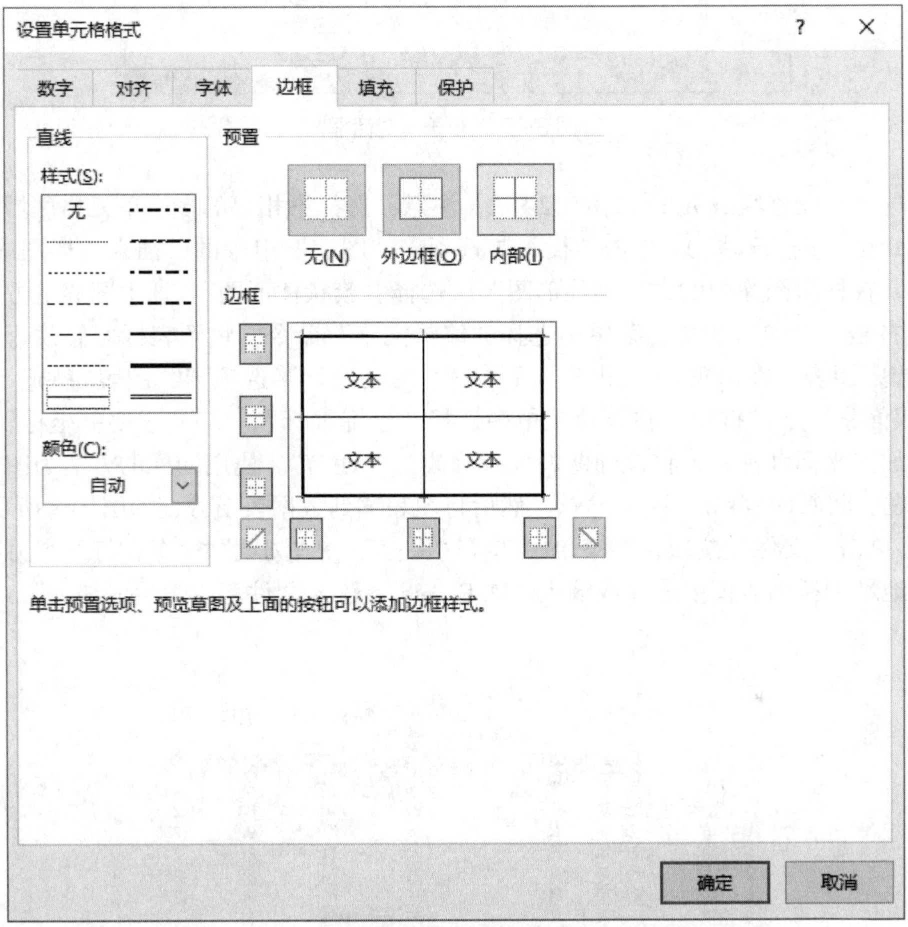


图 3–6 “设置单元格格式”对话框的“边框”选项卡

选择“姓名”所在行（A2:G2）并右击，在弹出的快捷菜单中选择“设置单元格格式”命令，打开“设置单元格格式”对话框。切换到“填充”选项卡，在“背景色”列表框中选择“浅绿”，单击“确定”按钮。选择单元格区域 D3:F12，单击“开始”选项卡“样式”组中的“条件格式”下拉按钮，在下拉菜单中选择“突出显示单元格规则”→“小于”命令，打开“小于”对话框。在文本框中输入“60”，在“设置为”下拉列表框中选择“自定义格式 ...”命令，如图 3–7 所示。接着在打开的“设置单元格格式”对话框的“字体”选项卡中，设置单元格文字“颜色”为“红色”，“字形”为“加粗倾斜”。然后在“填充”选项卡中设置单元格底纹为“白色，背景 1，深色 25%”，连续单击“确定”按钮。

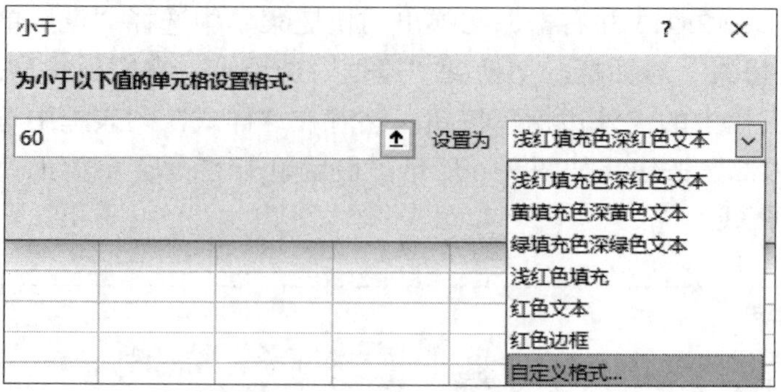


图 3-7 “小于”对话框

（9）选择单元格区域 A2:A12 和 D2:F12（注意：选择不相邻的多个单元格区域时，可以先按住 Ctrl 键再进行选择），单击“插入”选项卡“图表”组中的“插入柱形图或条形图”下拉按钮，在柱形图库中的“二维柱形图”区选择“簇状柱形图”。选中图表上方的“图表标题”并右击，在弹出的快捷菜单中选择“编辑文字”命令，将图表标题修改为“学生成绩表”。选中图表，在出现的“图表工具”→“图表设计”选项卡“图表布局”组中单击“添加图表元素”下拉按钮，在下拉菜单中选择“坐标轴标题”→“主要横坐标轴”命令，为图表添加横坐标轴标题，将该标题的内容修改为“姓名”。使用同样的方法为图表添加纵坐标轴标题，将其内容修改为“分数”。然后将图表移到数据表下方，如图 3-8 所示。

（10）单击“文件”按钮，在菜单中选择“保存”→“浏览”命令，打开“另存为”对话框。在地址下拉列表框中选择或输入“D:\Excel\”，输入文件名“学生成绩表”，单击“保存”按钮。

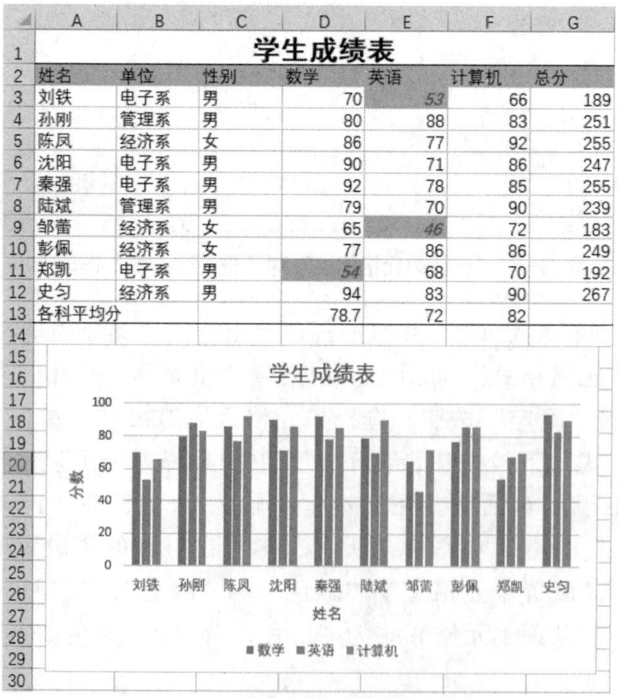

| | A | B | C | D | E | F | G |
|---|---|---|---|---|---|---|---|
| 1 | 学生成绩表 | | | | | | |
| 2 | 姓名 | 单位 | 性别 | 数学 | 英语 | 计算机 | 总分 |
| 3 | 刘铁 | 电子系 | 男 | 70 | 53 | 66 | 189 |
| 4 | 孙刚 | 管理系 | 男 | 80 | 88 | 83 | 251 |
| 5 | 陈凤 | 经济系 | 女 | 86 | 77 | 92 | 255 |
| 6 | 沈阳 | 电子系 | 男 | 90 | 71 | 86 | 247 |
| 7 | 秦强 | 电子系 | 男 | 92 | 78 | 85 | 255 |
| 8 | 陆斌 | 管理系 | 男 | 79 | 70 | 90 | 239 |
| 9 | 邹蕾 | 经济系 | 女 | 65 | 46 | 72 | 183 |
| 10 | 彭佩 | 经济系 | 女 | 77 | 86 | 86 | 249 |
| 11 | 郑凯 | 电子系 | 男 | 54 | 68 | 70 | 192 |
| 12 | 史匀 | 经济系 | 男 | 94 | 83 | 90 | 267 |
| 13 | 各科平均分 | | | 78.7 | 72 | 82 | |



图 3-8 学生成绩表及学生成绩图表

## 二、验证性实验

【实验8-2】 新建一个工作簿文件“救灾统计表.xlsx”，保存在“D:\Excel\”目录下。根据下列已知数据建立一个抗洪救灾捐献统计表（存放在A1:D5单元格区域），并将当前工作表Sheet1更名为“救灾统计表”，表格内容如下。

| 单位 | 捐款 / 万元 | 实物 / 件 | 折合人民币 / 万元 |
|---|---|---|---|
| 第一部门 | 1.95 | 89 | 2.45 |
| 第二部门 | 1.2 | 87 | 1.67 |
| 第三部门 | 0.95 | 52 | 1.30 |
| 总计 | | | |

（1）计算各项捐献的总计，分别填入“总计”行的各相应列中。

（2）选择“单位”和“折合人民币 / 万元”两列数据（不包含“总计”行），绘制部门捐款的三维饼图。要求有图例并显示各部门捐款总数的百分比，图表标题为“各部门捐款总数百分比图”。将图表嵌入在数据表下方。

【实验8-3】 建立海润公司员工工资表，如图3-9所示（G～K列的单位为：元）。计算实发工资，并对工资表进行格式设置，设置效果如图3-10所示，然后以“员工工资表.xlsx”为文件名将其保存在“D:\Excel\”目录下。

| | A | B | C | D | E | F | G | H | I | J | K |
|---|---|---|---|---|---|---|---|---|---|---|---|
| 1 | 海润公司员工工资表 | | | | | | | | | | |
| 2 | 序号 | 姓名 | 部门代码 | 部门 | 职务 | 出生年月 | 基本工资 | 津贴 | 奖金 | 扣款额 | 实发工资 |
| 3 | 1 | 钟凝 | 0132 | 销售部 | 业务员 | 1990/7/2 | 3500 | 1450 | 2200 | 398 | |
| 4 | 2 | 李凑 | 0132 | 销售部 | 业务员 | 1992/12/23 | 2400 | 1260 | 1890 | 286.5 | |
| 5 | 3 | 薛海仓 | 0132 | 销售部 | 业务员 | 1985/4/25 | 3000 | 1320 | 1780 | 266.5 | |
| 6 | 4 | 胡梅 | 0132 | 销售部 | 业务员 | 1986/7/23 | 2840 | 1270 | 1830 | 158 | |
| 7 | 5 | 周明明 | 0259 | 财务部 | 会计 | 1987/6/3 | 3000 | 1350 | 1400 | 248.5 | |
| 8 | 6 | 张和平 | 0259 | 财务部 | 出纳 | 1992/9/3 | 2450 | 1230 | 1290 | 178 | |
| 9 | 7 | 郑裕同 | 0368 | 技术部 | 技术员 | 1984/10/15 | 2380 | 1210 | 1540 | 169 | |
| 10 | 8 | 郭丽明 | 0368 | 技术部 | 技术员 | 1989/8/12 | 2900 | 1280 | 2350 | 245.5 | |
| 11 | 9 | 赵海 | 0368 | 技术部 | 工程师 | 1979/5/10 | 3900 | 1540 | 2700 | 366 | |
| 12 | 10 | 郑黎明 | 0368 | 技术部 | 技术员 | 1983/1/19 | 2880 | 1270 | 1490 | 256 | |
| 13 | 11 | 潘越明 | 0259 | 财务部 | 会计 | 1990/11/6 | 2930 | 1290 | 1300 | 153.5 | |
| 14 | 12 | 王海涛 | 0132 | 销售部 | 业务员 | 1988/9/28 | 3300 | 1400 | 1520 | 188 | |
| 15 | 13 | 罗晶晶 | 0132 | 销售部 | 业务员 | 1993/3/7 | 2760 | 1650 | 1290 | 265 | |

图3-9　海润公司员工工资表

（1）标题文字格式为黑体、22号、加粗，表头文字格式为楷体、14号。

（2）标题文字居于表格的正中间，标题和表头文字在单元格中水平方向和垂直方向均为居中显示，“部门代码”列数据水平方向居中显示。

（3）设置标题行行高为27，表头行高为21。设置“姓名”列列宽为10，其他列列宽为“自动调整列宽”。

（4）设置表格中的数据格式，要求设置“基本工资”“津贴”“奖金”“扣款额”和“实发工资”列的数字的小数位数为 1 位，并添加千位分隔符和人民币符号“¥”；“出生年月”列的日期型格式为“**** 年 ** 月 ** 日”。

（5）表格边框的设置效果为：表格的外边框为黑色、粗线条；标题和表头的下边框为黑色、粗线条；表格的内边框为黑色、细线条。

（6）表格图案（底纹）的设置效果为：标题的底纹为黄色，表头的底纹为浅绿，“序号”和“姓名”列的单元格底纹为绿色。

（7）设置“基本工资”列数据的条件格式为：当满足条件“基本工资＞ 3 000 元”时，字体为红色、加粗倾斜，单元格底纹为“白色，背景 1，深色 25%”；当满足条件“基本工资＜ 2 500 元”时，字体为蓝色、加粗倾斜，单元格底纹为“白色，背景 1，深色 35%”。

格式化后的员工工资表效果如图 3-10 所示。

| | A | B | C | D | E | F | G | H | I | J | K |
|---|---|---|---|---|---|---|---|---|---|---|---|
| 1 | 海润公司员工工资表 | | | | | | | | | | |
| 2 | 序号 | 姓名 | 部门代码 | 部门 | 职务 | 出生年月 | 基本工资 | 津贴 | 奖金 | 扣款额 | 实发工资 |
| 3 | 1 | 钟凝 | 0132 | 销售部 | 业务员 | 1990年7月2日 | ¥3,500.0 | ¥1,450.0 | ¥2,200.0 | ¥398.0 | ¥6,752.0 |
| 4 | 2 | 李凌 | 0132 | 销售部 | 业务员 | 1992年12月23日 | ¥2,400.0 | ¥1,260.0 | ¥1,890.0 | ¥286.5 | ¥5,263.5 |
| 5 | 3 | 薛海仓 | 0132 | 销售部 | 业务员 | 1985年4月25日 | ¥3,000.0 | ¥1,320.0 | ¥1,780.0 | ¥266.5 | ¥5,833.5 |
| 6 | 4 | 胡梅 | 0132 | 销售部 | 业务员 | 1986年7月23日 | ¥2,840.0 | ¥1,270.0 | ¥1,830.0 | ¥158.0 | ¥5,782.0 |
| 7 | 5 | 周明明 | 0259 | 财务部 | 会计 | 1987年6月3日 | ¥3,000.0 | ¥1,350.0 | ¥1,400.0 | ¥248.5 | ¥5,501.5 |
| 8 | 6 | 张和平 | 0259 | 财务部 | 出纳 | 1992年9月3日 | ¥2,450.0 | ¥1,230.0 | ¥1,290.0 | ¥178.0 | ¥4,792.0 |
| 9 | 7 | 郑裕同 | 0368 | 技术部 | 技术员 | 1984年10月15日 | ¥2,380.0 | ¥1,210.0 | ¥1,540.0 | ¥169.0 | ¥4,961.0 |
| 10 | 8 | 郭丽明 | 0368 | 技术部 | 技术员 | 1989年8月12日 | ¥2,900.0 | ¥1,280.0 | ¥2,350.0 | ¥245.5 | ¥6,284.5 |
| 11 | 9 | 赵海 | 0368 | 技术部 | 工程师 | 1979年5月10日 | ¥3,900.0 | ¥1,540.0 | ¥2,700.0 | ¥366.0 | ¥7,774.0 |
| 12 | 10 | 郑黎明 | 0368 | 技术部 | 技术员 | 1983年1月19日 | ¥2,880.0 | ¥1,270.0 | ¥1,490.0 | ¥256.0 | ¥5,384.0 |
| 13 | 11 | 潘越明 | 0259 | 财务部 | 会计 | 1990年11月6日 | ¥2,930.0 | ¥1,290.0 | ¥1,300.0 | ¥153.5 | ¥5,366.5 |
| 14 | 12 | 王海涛 | 0132 | 销售部 | 业务员 | 1988年9月28日 | ¥3,300.0 | ¥1,400.0 | ¥1,520.0 | ¥188.0 | ¥6,032.0 |
| 15 | 13 | 罗晶晶 | 0132 | 销售部 | 业务员 | 1993年3月7日 | ¥2,760.0 | ¥1,650.0 | ¥1,290.0 | ¥265.0 | ¥5,435.0 |

图 3-10　格式化后的员工工资表效果

# 实验 9　Excel 2016 数据管理

## 实验目的

- 掌握数据排序和筛选的方法。
- 掌握数据分类汇总的方法。
- 掌握数据透视表的操作方法。

## 一、基础实验

【实验 9-1】 数据分析与处理。

实验要求

（1）打开“D:\Excel\”下的“学生成绩表.xlsx”，将学生成绩表的内容（不包括标题、各科平均分所在行，也不包括格式）复制到一个新的工作簿中，保存在“D:\Excel\”目录下，命名为“学生成绩表（2）.xlsx”。

（2）对“学生成绩表（2）.xlsx”的内容按总分降序排列，总分相同时按计算机成绩降序排列。完成后将文件另存在“D:\Excel\”目录下，命名为“成绩表－排序.xlsx”。

（3）在“学生成绩表（2）.xlsx”中，筛选数据表中英语成绩在80～90分之间的学生成绩。完成后将文件另存在“D:\Excel\”目录下，命名为“成绩表－筛选.xlsx”。

（4）在“学生成绩表（2）.xlsx”中，求各系学生各门课程的平均成绩。完成后将文件另存在“D:\Excel\”目录下，命名为“成绩表－分类汇总.xlsx”。

（5）在“学生成绩表（2）.xlsx”中，统计各系男、女生的人数。完成后将文件另存在“D:\Excel\”目录下，命名为“成绩表－数据透视表.xlsx”。

操作步骤

（1）进入D盘文件夹窗口，找到“D:\Excel\”下的“学生成绩表.xlsx”文件并双击打开。

（2）选择A2:G12单元格区域并右击，在弹出的快捷菜单中选择“复制”命令。单击“文件”按钮，在菜单中选择“新建”命令，在“新建”栏中选择“空白工作簿”，新建一个工作簿，如图3-11所示。

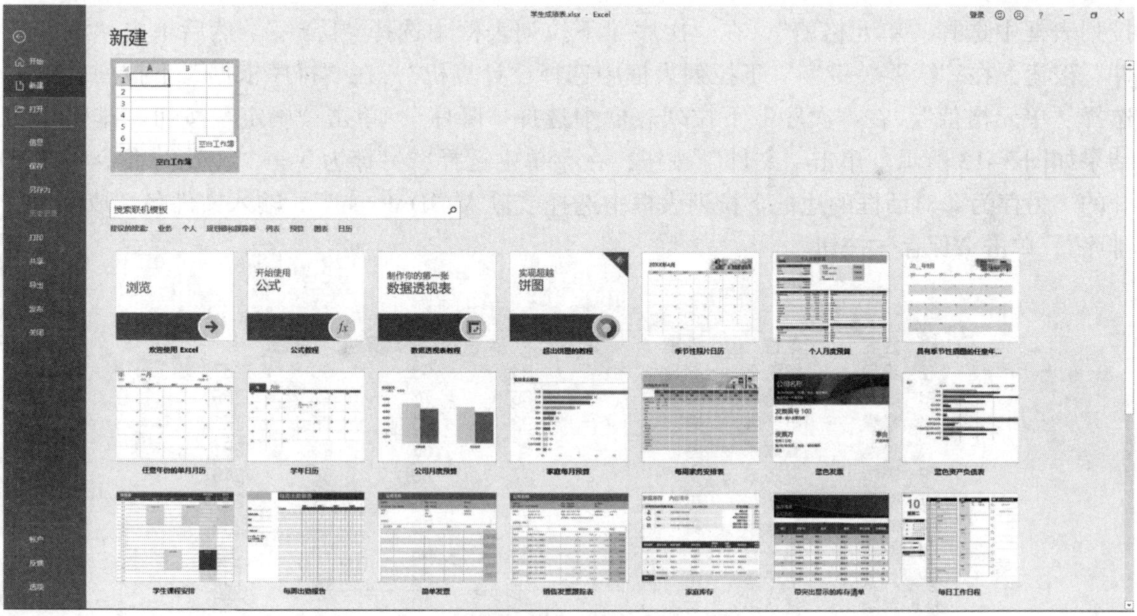


图3-11 新建工作簿

在新工作簿的A1单元格上右击，在弹出的快捷菜单中选择“选择性粘贴”命令，打开“选择性粘贴”对话框，在“粘贴”区选中“数值”单选按钮，如图3-12所示，单击“确定”按钮。然后单击“文件”按钮，在菜单中选择“保存”→“浏览”命令，在打开的“另存为”对话框的地址下拉列表框中选择或输入“D:\Excel\”，输入文件名“学生成绩表（2）”，单击“保存”按钮。

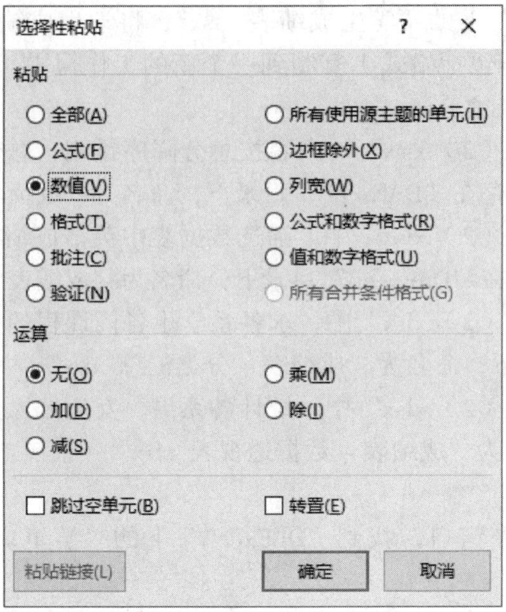


图 3-12 “选择性粘贴”对话框

（3）选择数据表中的任意单元格，单击“数据”选项卡“排序和筛选”组中的“排序”按钮，打开“排序”对话框。在“列”下拉列表框中选择“总分”，在“排序依据”下拉列表框中选择“单元格值”，在“次序”下拉列表框中选择“降序”。然后单击“添加条件”按钮，在“次要关键字”下拉列表框中选择“计算机”，在“排序依据”下拉列表框中选择“单元格值”，在“次序”下拉列表框中选择“降序”，单击“确定”按钮。排序后的结果如图 3-13 所示。单击“文件”按钮，在菜单中选择“另存为”→“浏览”命令，在打开的“另存为”对话框的地址下拉列表框中选择或输入“D:\Excel\”，输入文件名“成绩表－排序”，单击“保存”按钮。

| | A | B | C | D | E | F | G |
|---|---|---|---|---|---|---|---|
| 1 | 姓名 | 单位 | 性别 | 数学 | 英语 | 计算机 | 总分 |
| 2 | 史匀 | 经济系 | 男 | 94 | 83 | 90 | 267 |
| 3 | 陈凤 | 经济系 | 女 | 86 | 77 | 92 | 255 |
| 4 | 秦强 | 电子系 | 男 | 92 | 78 | 85 | 255 |
| 5 | 孙刚 | 管理系 | 男 | 80 | 88 | 83 | 251 |
| 6 | 彭佩 | 经济系 | 女 | 77 | 86 | 86 | 249 |
| 7 | 沈阳 | 电子系 | 男 | 90 | 71 | 86 | 247 |
| 8 | 陆斌 | 管理系 | 男 | 79 | 70 | 90 | 239 |
| 9 | 郑凯 | 电子系 | 男 | 54 | 68 | 70 | 192 |
| 10 | 刘铁 | 电子系 | 男 | 70 | 53 | 66 | 189 |
| 11 | 邹蕾 | 经济系 | 女 | 65 | 46 | 72 | 183 |

图 3-13 按主要关键字“总分”及次要关键字“计算机”排序后的结果

（4）打开“D:\Excel\”下的“学生成绩表（2）.xlsx”，选择数据表中的任意单元格，单击“数据”选项卡“排序和筛选”组中的“筛选”按钮，此时工作表的所有列标题右边出现筛选按钮。单击“英语”列的筛选按钮，在下拉列表中选择“数字筛选”→“大于或等于”命令，打开“自定义自动筛选”对话框。此时，第 1 个条件下拉列表框中出现“大于或等于”选项，在右边的下拉列表框中输入“80”，单击第 2 个条件下拉列表框的下拉按钮，选择“小于或等于”选项，在右边的下拉列表框中输入“90”。设置两个条件之间为“与”关系，如图 3-14 所示，单击“确定”按钮完成筛选，筛选结果如图 3-15 所示。单击“文件”按钮，在菜单中选择“另存为”→“浏览”命令，在打开的“另存为”对话框的地址下拉列表框中选择或输入“D:\Excel\”，输入文件名“成绩表－筛选”，单击“保存”按钮。

图 3-14 “自定义自动筛选”对话框

| | A | B | C | D | E | F | G |
|---|---|---|---|---|---|---|---|
| 1 | 姓名 | 单位 | 性别 | 数学 | 英语 | 计算机 | 总分 |
| 3 | 孙刚 | 管理系 | 男 | 80 | 88 | 83 | 251 |
| 9 | 彭佩 | 经济系 | 女 | 77 | 86 | 86 | 249 |
| 11 | 史匀 | 经济系 | 男 | 94 | 83 | 90 | 267 |

图 3-15 学生成绩表中英语成绩在 80 ~ 90 分之间的筛选结果

（5）打开“D:\Excel\”下的“学生成绩表（2）.xlsx”，选择“单位”列的任意单元格，单击“数据”选项卡“排序和筛选”组中的“升序”按钮，按“单位”升序排列。然后选择数据表中的任意单元格，单击“数据”选项卡“分级显示”组中的“分类汇总”按钮，打开“分类汇总”对话框。在“分类字段”下拉列表框中选择“单位”，在“汇总方式”下拉列表框中选择“平均值”，在“选中汇总项”列表框中勾选“数学”“英语”“计算机”复选框，再勾选“汇总结果显示在数据下方”复选框，如图 3-16 所示，单击“确定”按钮完成分类汇总。分类汇总的结果如图 3-17 所示。单击“文件”按钮，在菜单中选择“另存为”→“浏览”命令，在打开的“另存为”对话框的地址下拉列表框中选择或输入“D:\Excel\”，输入文件名“成绩表－分类汇总”，单击“保存”按钮。

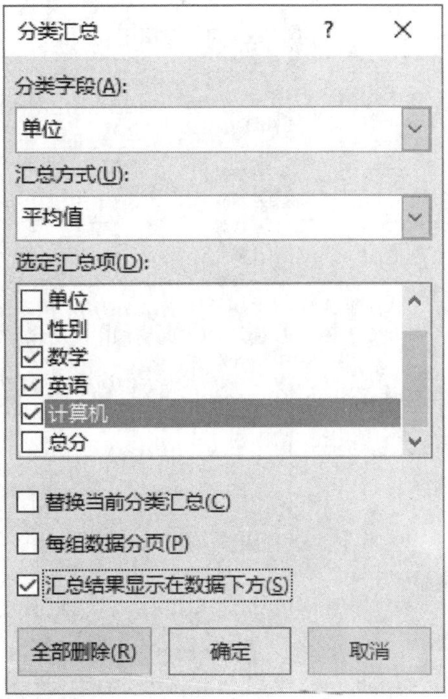


图 3-16 “分类汇总”对话框

| | A | B | C | D | E | F | G |
|---|---|---|---|---|---|---|---|
| 1 | 姓名 | 单位 | 性别 | 数学 | 英语 | 计算机 | 总分 |
| 2 | 刘铁 | 电子系 | 男 | 70 | 53 | 66 | 189 |
| 3 | 沈阳 | 电子系 | 男 | 90 | 71 | 86 | 247 |
| 4 | 秦强 | 电子系 | 男 | 92 | 78 | 85 | 255 |
| 5 | 郑凯 | 电子系 | 男 | 54 | 68 | 70 | 192 |
| 6 | | **电子系 平均值** | | 76.5 | 67.5 | 76.75 | |
| 7 | 孙刚 | 管理系 | 男 | 80 | 88 | 83 | 251 |
| 8 | 陆斌 | 管理系 | 男 | 79 | 70 | 90 | 239 |
| 9 | | **管理系 平均值** | | 79.5 | 79 | 86.5 | |
| 10 | 陈凤 | 经济系 | 女 | 86 | 77 | 92 | 255 |
| 11 | 邹蕾 | 经济系 | 女 | 65 | 46 | 72 | 183 |
| 12 | 彭佩 | 经济系 | 女 | 77 | 86 | 86 | 249 |
| 13 | 史匀 | 经济系 | 男 | 94 | 83 | 90 | 267 |
| 14 | | **经济系 平均值** | | 80.5 | 73 | 85 | |
| 15 | | **总计平均值** | | 78.7 | 72 | 82 | |

图 3-17　分类汇总的结果

（6）打开“D:\Excel\”下的“学生成绩表（2）.xlsx”，选择数据表中的任意单元格，单击“插入”选项卡“表格”组中的“数据透视表”按钮，打开“来自表格或区域的数据透视表”对话框。确认选择要分析的数据区域（如果系统给出的数据区域不正确，用户可用鼠标自己选择区域）及数据透视表的放置位置（一般放在新建的工作表中），然后单击“确定”按钮。此时窗口右边会出现“数据透视表字段”任务窗格，将用于分类的“单位”字段拖入“行”区域位置，将“性别”字段拖入“列”区域位置，使它们分别成为数据透视表的行、列标题，再将要用于汇总的“性别”字段拖入“值”区域位置，如图 3-18 所示，统计各系男、女生人数的结果如图 3-19 所示。单击“文件”按钮，在菜单中选择“另存为”→“浏览”命令，在打开的“另存为”对话框的地址下拉列表框中选择或输入“D:\Excel\”，输入文件名“成绩表－数据透视表”，单击“保存”按钮。

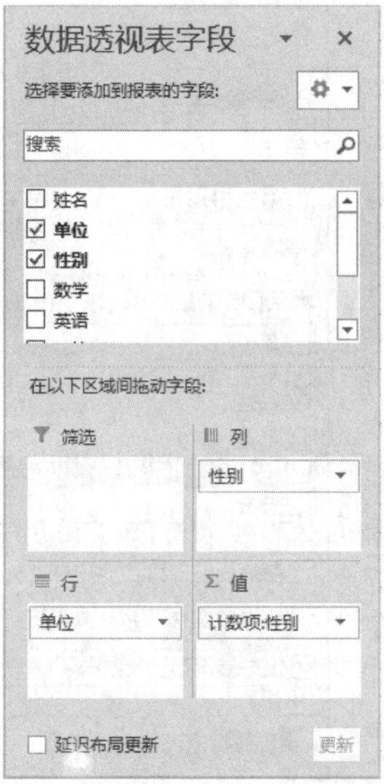


图 3-18　“数据透视表字段”任务窗格

| 计数项:性别 | 列标签 | | |
|---|---|---|---|
| 行标签 | 男 | 女 | 总计 |
| 电子系 | 4 | | 4 |
| 管理系 | 2 | | 2 |
| 经济系 | 1 | 3 | 4 |
| 总计 | 7 | 3 | 10 |

图 3-19　统计各系男、女生人数的结果

## 二、验证性实验

【实验 9-2】 数据分析与处理。

（1）打开【实验 8-3】中保存在“D:\Excel\”下的“员工工资表.xlsx”，将工作表的内容（不包括表格标题行和“序号”列，不包括格式）复制到一个新工作簿中，保存在“D:\Excel\”目录下，将文件命名为“员工工资表（2）.xlsx”。

（2）对“员工工资表（2）.xlsx”中的数据按基本工资降序排列，若基本工资相同，则按津贴降序排列。排序结果保存在“D:\Excel\”目录下，将文件命名为“工资表－排序.xlsx”。

（3）在“员工工资表（2）.xlsx”中，筛选出“基本工资≥2 500元或基本工资≤3 000元”的记录。筛选结果保存在“D:\Excel\”目录下，将文件命名为“工资表－筛选.xlsx”。

（4）在“员工工资表（2）.xlsx”中，求各部门基本工资、实发工资、奖金的平均值。分类汇总结果保存在“D:\Excel\”目录下，将文件命名为“工资表－分类汇总（1）.xlsx”。

（5）在“工资表－分类汇总（1）.xlsx”的基础上，继续对各部门基本工资、实发工资、奖金求和。汇总结果保存在“D:\Excel\”目录下，将文件命名为“工资表－分类汇总（2）.xlsx”。

（6）在“员工工资表（2）.xlsx”中，用数据透视表求各部门中各职务的人数。数据透视表结果保存在“D:\Excel\”目录下，将文件命名为“工资表－数据透视表.xlsx”。

# 实验 10 Excel 2016 综合设计实验

### 实验目的

- 熟练掌握电子表格的制作过程，熟悉数据的输入、数据的自动填充、数据的格式化、数据有效性设置、表格的修饰等操作方法。
- 熟练掌握电子表格中数据的运算和处理，熟练使用常用的公式和函数。
- 熟练掌握电子表格中数据的条件格式、排序、筛选、分类汇总、数据透视表等数据管理和分析方法。

## 一、基础实验

【实验 10-1】 图书销售表。

实验要求

（1）本实验要求学生利用 Excel 2016 新建一个“图书销售表”。

（2）要求表格中“销售人员”和“图书类别”字段用下拉列表输入。

（3）利用函数和公式，计算“折扣”列和“销售金额”列的数值。

（4）利用“自动筛选”功能，查看所有销售数量高于平均值的数据行。

（5）对表格进行排序和分类汇总。

（6）利用数据表的内容，制作“销售数量百分比分布图”。图表效果如图 3–20 所示。

（7）将文件命名为“图书销售表 .xlsx”，并保存在“D:\Excel\”目录下。最终制作效果如图 3–20 所示。

注：表格中 D 列的单位为：本，E、G 列的单位为：元。

| 某网络图书销售表（日） | | | | | | |
|---|---|---|---|---|---|---|
| 图书编号 | 销售人员 | 图书类别 | 销售数量 | 单价 | 折扣 | 销售金额 |
| 100021 | 王莉 | 经济 | 15 | 21.50 | 0.8 | 258.00 |
| 100250 | 严晓明 | 经济 | 21 | 18.00 | 0.8 | 302.40 |
| 105601 | 严晓明 | 经济 | 37 | 26.00 | 0.8 | 769.60 |
| 200056 | 严晓明 | 社科 | 66 | 18.50 | 0.8 | 976.80 |
| 200030 | 李冰 | 社科 | 6 | 25.00 | 0.9 | 135.00 |
| 610036 | 夏飞 | 外语 | 89 | 24.50 | 0.8 | 1744.40 |
| 401356 | 王莉 | 文学 | 2 | 41.00 | 1.0 | 82.00 |
| 401023 | 张东林 | 文学 | 6 | 38.00 | 0.9 | 205.20 |
| 415030 | 孙玉函 | 文学 | 10 | 36.00 | 0.8 | 288.00 |
| 400156 | 夏飞 | 文学 | 16 | 38.00 | 0.8 | 486.40 |
| 300005 | 李冰 | 信息 | 11 | 33.60 | 0.8 | 295.68 |
| 360021 | 孙玉函 | 信息 | 52 | 28.00 | 0.8 | 1164.80 |



图 3–20 “图书销售表”制作效果

操作步骤

（1）创建电子表格并输入数据。打开 Excel 2016，输入表格标题，并依次输入表格的各个字段名。手动输入“图书编号”“销售数量”和“单价”列的数据。分别为“销售人员”和“图书类别”字段设置单元格数据有效性，方法为：拖动鼠标选中“销售人员”列数据所在的单元格区域 B3:B14，单击“数据”选项卡“数据工具”组中的“数据验证”下拉按钮，在下拉菜单中选择“数据验证”命令；然后在打开的“数据验证”对话框中，设置有效性条件“允许”为“序列”，“来源”为“王莉，李冰，严晓明，张东林，孙玉函，夏飞”，如图 3–21 所示，单击“确定”按钮。用同样的方式设置“图书类别”字段的数据有效性。

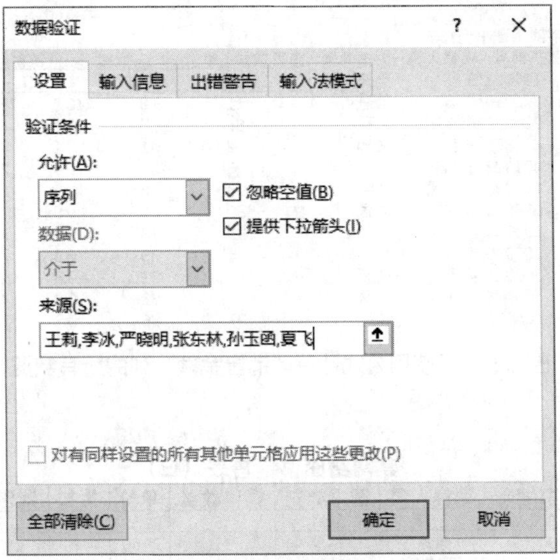

图 3-21 “数据验证”对话框

（2）插入公式和函数。用公式和函数输入“折扣”列的数据，并计算“销售金额”列的数据。折扣标准是：如果销售数量大于或等于 10 本，则折扣值为 0.8；如果销售数量大于或等于 5 本，折扣值为 0.9；其他情况不打折。“折扣”字段的数据，可以用条件函数，填入方法是：单击“折扣”字段下的单元格 F3，单击“插入函数”按钮 $f_x$，找到条件函数 IF，插入嵌套的 IF 函数“=IF(D3>=10,0.8,IF(D3>=5,0.9,1))”，按 Enter 键确认公式。向下拖动该单元格的填充柄，计算“折扣”列的所有数据，如图 3-22 所示。

| | A | B | C | D | E | F | G | H | I |
|---|---|---|---|---|---|---|---|---|---|
| 1 | 某网络图书销售表（日） | | | | | | | | |
| 2 | 图书编号 | 销售人员 | 图书类别 | 销售数量 | 单价 | 折扣 | 销售金额 | | |
| 3 | 100021 | 王莉 | 经济 | 15 | 21.5 | =IF(D3>=10,0.8,IF(D3>=5,0.9,1)) | | | |
| 4 | 300005 | 李冰 | 信息 | 11 | 33.6 | IF(**logical_test**, [value_if_true], [value_if_false]) | | | |
| 5 | 200056 | 严晓明 | 社科 | 66 | 18.5 | 0.8 | | | |
| 6 | 401356 | 王莉 | 文学 | 2 | 41 | 1 | | | |
| 7 | 401023 | 张东林 | 文学 | 6 | 38 | 0.9 | | | |
| 8 | 415030 | 孙玉函 | 文学 | 10 | 36 | 0.8 | | | |
| 9 | 610036 | 夏飞 | 外语 | 89 | 24.5 | 0.8 | | | |
| 10 | 100250 | 严晓明 | 经济 | 21 | 18 | 0.8 | | | |
| 11 | 200030 | 李冰 | 社科 | 6 | 25 | 0.9 | | | |
| 12 | 360021 | 孙玉函 | 信息 | 52 | 28 | 0.8 | | | |
| 13 | 400156 | 夏飞 | 文学 | 16 | 38 | 0.8 | | | |
| 14 | 105601 | 严晓明 | 经济 | 37 | 26 | 0.8 | | | |

图 3-22 使用 IF 函数计算“折扣”列的所有数据

单击“销售金额”字段下的单元格 G3，在编辑栏中输入公式“=D3*E3*F3”，求出对应的销售金额的值。向下拖动该单元格的填充柄，计算“销售金额”列的所有数据，结果如图 3-23 所示。

（3）编辑和排版图书销售表。切换到“开始”选项卡，通过“字体”“对齐方式”“数字”等功能组，可以对单元格实现标题的合并居中、字体、边框、对齐方式、底纹等一系列排版。排版效果如图 3-24 所示。

| | A | B | C | D | E | F | G |
|---|---|---|---|---|---|---|---|
| 1 | 某网络图书销售表（日） | | | | | | |
| 2 | 图书编号 | 销售人员 | 图书类别 | 销售数量 | 单价 | 折扣 | 销售金额 |
| 3 | 100021 | 王莉 | 经济 | 15 | 21.5 | 0.8 | =D3*E3*F3 |
| 4 | 300005 | 李冰 | 信息 | 11 | 33.6 | 0.8 | 295.68 |
| 5 | 200056 | 严晓明 | 社科 | 66 | 18.5 | 0.8 | 976.8 |
| 6 | 401356 | 王莉 | 文学 | 2 | 41 | 1 | 82 |
| 7 | 401023 | 张东林 | 文学 | 6 | 38 | 0.9 | 205.2 |
| 8 | 415030 | 孙玉函 | 文学 | 10 | 36 | 0.8 | 288 |
| 9 | 610036 | 夏飞 | 外语 | 89 | 24.5 | 0.8 | 1744.4 |
| 10 | 100250 | 严晓明 | 经济 | 21 | 18 | 0.8 | 302.4 |
| 11 | 200030 | 李冰 | 社科 | 6 | 25 | 0.9 | 135 |
| 12 | 360021 | 孙玉函 | 信息 | 52 | 28 | 0.8 | 1164.8 |
| 13 | 400156 | 夏飞 | 文学 | 16 | 38 | 0.8 | 486.4 |
| 14 | 105601 | 严晓明 | 经济 | 37 | 26 | 0.8 | 769.6 |

图 3-23　使用公式计算“销售金额”列的所有数据

| | A | B | C | D | E | F | G |
|---|---|---|---|---|---|---|---|
| 1 | 某网络图书销售表（日） | | | | | | |
| 2 | 图书编号 | 销售人员 | 图书类别 | 销售数量 | 单价 | 折扣 | 销售金额 |
| 3 | 100021 | 王莉 | 经济 | 15 | 21.50 | 0.8 | 258.00 |
| 4 | 300005 | 李冰 | 信息 | 11 | 33.60 | 0.8 | 295.68 |
| 5 | 200056 | 严晓明 | 社科 | 66 | 18.50 | 0.8 | 976.80 |
| 6 | 401356 | 王莉 | 文学 | 2 | 41.00 | 1.0 | 82.00 |
| 7 | 401023 | 张东林 | 文学 | 6 | 38.00 | 0.9 | 205.20 |
| 8 | 415030 | 孙玉函 | 文学 | 10 | 36.00 | 0.8 | 288.00 |
| 9 | 610036 | 夏飞 | 外语 | 89 | 24.50 | 0.8 | 1744.40 |
| 10 | 100250 | 严晓明 | 经济 | 21 | 18.00 | 0.8 | 302.40 |
| 11 | 200030 | 李冰 | 社科 | 6 | 25.00 | 0.9 | 135.00 |
| 12 | 360021 | 孙玉函 | 信息 | 52 | 28.00 | 0.8 | 1164.80 |
| 13 | 400156 | 夏飞 | 文学 | 16 | 38.00 | 0.8 | 486.40 |
| 14 | 105601 | 严晓明 | 经济 | 37 | 26.00 | 0.8 | 769.60 |

图 3-24　表格排版效果

（4）数据的自动筛选。利用“自动筛选”功能，查看所有销售数量高于平均值的数据行，方法为：选择数据区域的任意单元格，单击“数据”选项卡“排序和筛选”组中的“筛选”按钮，每一列字段名的右边出现筛选按钮；单击“销售数量”右边的筛选按钮，在下拉菜单中选择“数字筛选”→“高于平均值”命令，如图 3-25 所示，筛选结果如图 3-26 所示。用户也可以单击“数字筛选”→“自定义筛选”命令，自行设置筛选条件。

图 3-25　自动筛选下拉菜单

| | A | B | C | D | E | F | G |
|---|---|---|---|---|---|---|---|
| 1 | 某网络图书销售表（日） | | | | | | |
| 2 | 图书编号 | 销售人员 | 图书类别 | 销售数量 | 单价 | 折扣 | 销售金额 |
| 5 | 200056 | 严晓明 | 社科 | 66 | 18.50 | 0.8 | 976.80 |
| 9 | 610036 | 夏飞 | 外语 | 89 | 24.50 | 0.8 | 1744.40 |
| 12 | 360021 | 孙玉函 | 信息 | 52 | 28.00 | 0.8 | 1164.80 |
| 14 | 105601 | 严晓明 | 经济 | 37 | 26.00 | 0.8 | 769.60 |

图 3-26 “销售数量”列自动筛选结果

（5）数据的排序。利用排序命令根据“图书类别”等单个或多个字段对表格进行排序，方法为：选择数据区域的任意单元格，单击“数据”选项卡“排序和筛选”组中的“排序”按钮，打开“排序”对话框；设置“主要关键字”为“图书类别”，单击对话框中的“添加条件”按钮，可以添加多个排序字段，如图 3-27 所示，然后单击“确定”按钮完成排序。单击对话框中的“选项”按钮，可以打开“排序选项”对话框。在该对话框中可以设置排序的方向、方法等多项参数，如图 3-28 所示。

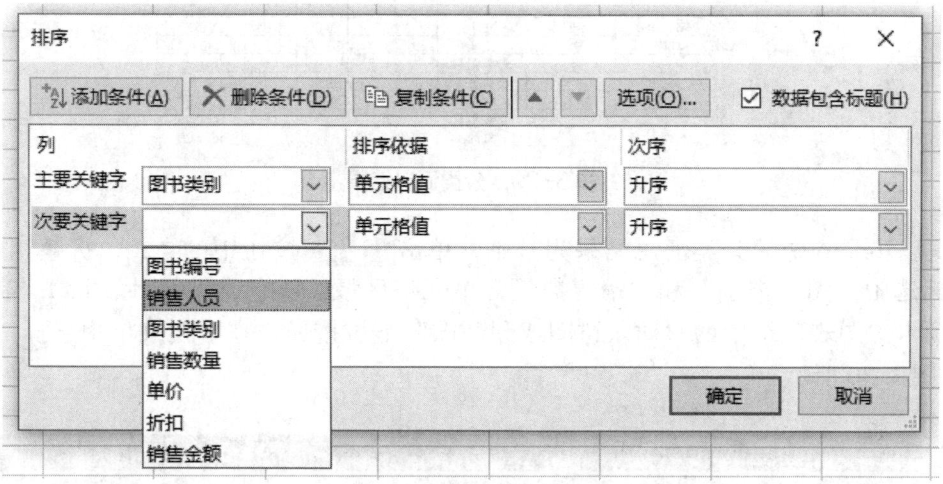


图 3-27 “排序”对话框

图 3-28 “排序选项”对话框

（6）数据的分类汇总。按图书类别汇总各类图书的销售数量和销售金额，方法为：在上一个步骤中已经按照“图书类别”字段进行了排序，因此这里直接选择数据区域的任意单元格，单击“数据”选项卡“分级显示”组中的“分类汇总”按钮 分类汇总，在弹出的“分类汇总”对话框中，设置分类字段为“图书类别”，汇总方式为“求和”，在“选中汇总项”列表框中勾选“销售数量”和“销售金额”复选框，单击“确定”按钮。分类汇总结果如图 3–29 所示。

| | A | B | C | D | E | F | G |
|---|---|---|---|---|---|---|---|
| 1 | 某网络图书销售表（日） | | | | | | |
| 2 | 图书编号 | 销售人员 | 图书类别 | 销售数量 | 单价 | 折扣 | 销售金额 |
| 3 | 100021 | 王莉 | 经济 | 15 | 21.50 | 0.8 | 258.00 |
| 4 | 100250 | 严晓明 | 经济 | 21 | 18.00 | 0.8 | 302.40 |
| 5 | 105601 | 严晓明 | 经济 | 37 | 26.00 | 0.8 | 769.60 |
| 6 | | | 经济 汇总 | 73 | | | 1330.00 |
| 7 | 200056 | 严晓明 | 社科 | 66 | 18.50 | 0.8 | 976.80 |
| 8 | 200030 | 李冰 | 社科 | 6 | 25.00 | 0.9 | 135.00 |
| 9 | | | 社科 汇总 | 72 | | | 1111.80 |
| 10 | 610036 | 夏飞 | 外语 | 89 | 24.50 | 0.8 | 1744.40 |
| 11 | | | 外语 汇总 | 89 | | | 1744.40 |
| 12 | 401356 | 王莉 | 文学 | 2 | 41.00 | 0.0 | 0.00 |
| 13 | 401023 | 张东林 | 文学 | 6 | 38.00 | 0.9 | 205.20 |
| 14 | 415030 | 孙玉函 | 文学 | 10 | 36.00 | 0.8 | 288.00 |
| 15 | 400156 | 夏飞 | 文学 | 16 | 38.00 | 0.8 | 486.40 |
| 16 | | | 文学 汇总 | 34 | | | 979.60 |
| 17 | 300005 | 李冰 | 信息 | 11 | 33.60 | 0.8 | 295.68 |
| 18 | 360021 | 孙玉函 | 信息 | 52 | 28.00 | 0.8 | 1164.80 |
| 19 | | | 信息 汇总 | 63 | | | 1460.48 |
| 20 | | | 总计 | 331 | | | 6626.28 |

图 3–29　分类汇总结果

（7）以步骤 6 中的分类汇总结果为基础，单击 1 2 3 按钮中的“2”，折叠相应级别。拖动鼠标选中“图书类别”和“销售数量”单元格区域（不包含“总计”行），单击“插入”选项卡“图表”组中的“插入饼图或圆环图”下拉按钮，在下拉菜单中选择“三维饼图”，如图 3–30 所示。

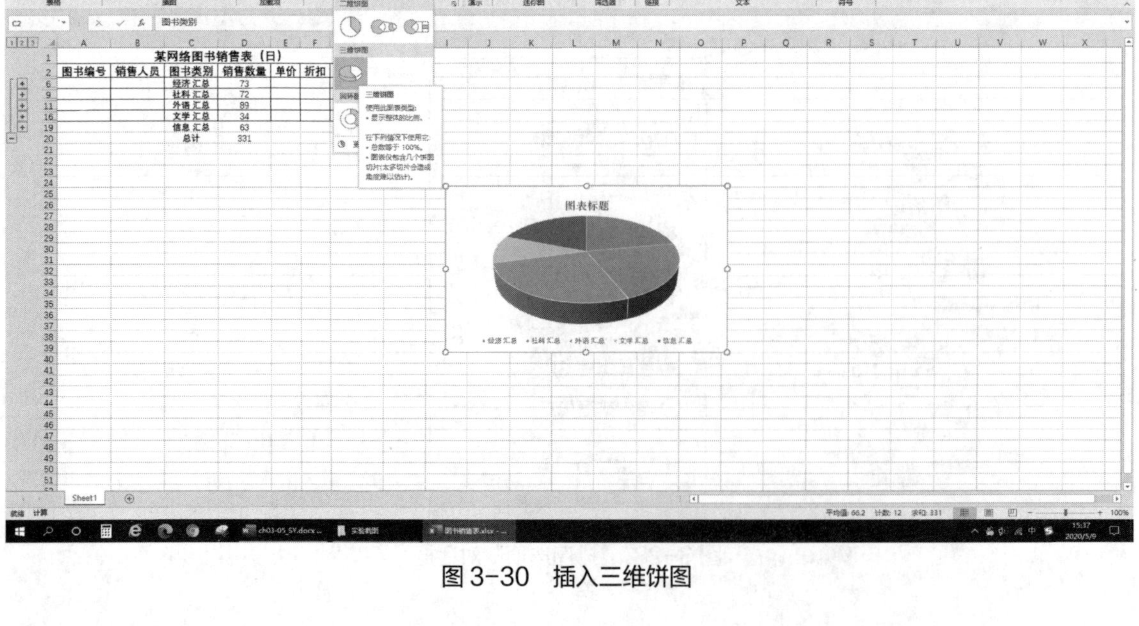


图 3–30　插入三维饼图

在生成三维饼图的同时，上方会出现“图表工具”→“图表设计”和“图表工具”→“格式”两个选项卡，利用它们中的各种按钮可以对图表的“图表布局”“图表样式”“数据”“类型”“位置”等内容进行设置。通过“图表工具”→“图表设计”选项卡“数据”组中的“选择数据”按钮，可以重新设置图表的“图表数据区域”和“水平（分类）轴”。选中图表标题，将内容修改为“销售数量百分比分布图”，可以对其进行字体、颜色、形状等的设置。单击“图表工具”→“图表设计”选项卡“图表布局”组中的“添加图表元素”下拉按钮，在下拉菜单中选择“数据标签”→“其他数据标签选项”命令，打开“设置数据标签格式”任务窗格，如图3–31所示。在“标签包括”区勾选“值”和“百分比”复选框，在“标签位置”区选中“数据标签外”单选按钮，图表制作完成后的效果如图3–32所示。

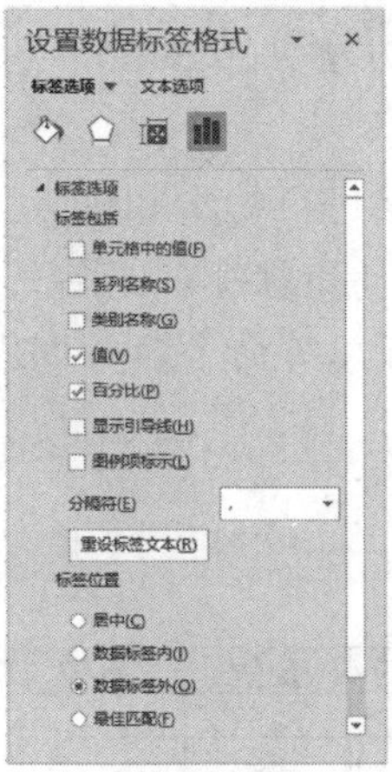


图3–31　“设置数据标签格式”任务窗格

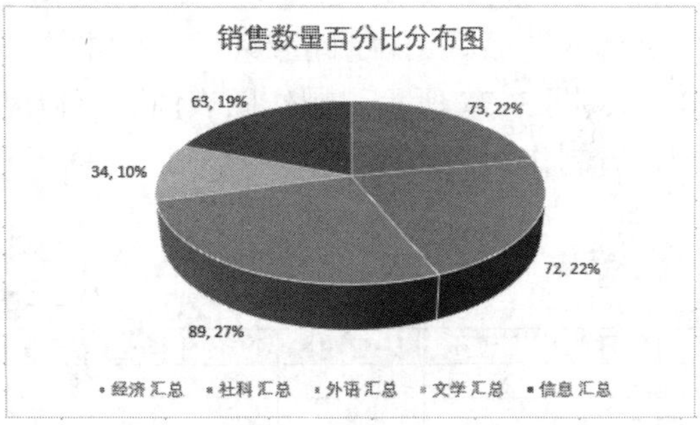


图3–32　图表制作完成后的效果

（8）文件的保存。单击“文件”按钮，在菜单中选择“保存”→“浏览”命令，利用打开的“另存为”对话框保存编辑好的表格文件。Excel 2016默认的文件格式为“.xlsx”格式，如果希望保存为“.xls”格式，需要在“另存为”对话框中重新设置文件的保存类型，即在“保存类型”下拉列表框中选择“Excel 97–2003工作簿（*.xls）”，如图3–33所示。要注意，这时表格中Excel 2016新增加的功能，将会丢失或降级。

图3–33　“保存类型”下拉列表框

## 二、验证性实验

### 【实验 10-2】 电子商店销售表的综合制作。

制作一个“电子商店销售表”，输入数据，使用公式和函数进行计算，并插入图表（表中 F、H ~ J 列的单位为：元，G 列的单位为：台）。制作效果如图 3-34 所示。

实验要求

（1）输入数据时，考虑数据的统一性要求，“员工姓名”“产品分类”等字段的数据采用下拉列表方式输入。

（2）表格中的所有运算都要使用公式或函数，不允许手工填写数据。其中，“金额”列的数据由“单价”乘以“数量”得到，“折扣”列数据的计算方法如图 3-35 所示，“售价”列的数据由“金额”减去“折扣”得到。

（3）表格制作完成后，使用“设置单元格格式”命令对表格进行编辑和排版。

（4）插入“品牌销售数量分布百分比图”和“员工销售数量和总额对比图”，效果分别如图 3-36、图 3-37 所示。制作图表前，可以利用排序、分类汇总等命令对数据先进行分析和整理，再制作图表。

| | A | B | C | D | E | F | G | H | I | J |
|---|---|---|---|---|---|---|---|---|---|---|
| 1 | 2019电子商店销售表 | | | | | | | | | |
| 2 | 销售日期 | 员工号 | 员工姓名 | 产品分类 | 产品型号 | 单价 | 数量 | 金额 | 折扣 | 售价 |
| 3 | 2019/3/11 | D2001 | 李小东 | 华硕 | A40DE | 3780 | 5 | 18900 | 1134 | 17766 |
| 4 | 2019/3/11 | D2002 | 陈明涛 | 戴尔 | Inspiron 132 | 4900 | 3 | 14700 | 882 | 13818 |
| 5 | 2019/3/11 | D2003 | 王玉如 | 联想 | V460A-ITH(T) | 4250 | 2 | 8500 | 340 | 8160 |
| 6 | 2019/3/11 | D2003 | 王玉如 | 联想 | V360A-ITH(380) | 4799 | 2 | 9598 | 383.92 | 9214.08 |
| 7 | 2019/3/11 | D2003 | 王玉如 | 联想 | U260-ITH0(橙) | 7000 | 1 | 7000 | 140 | 6860 |
| 8 | 2019/3/11 | D2004 | 夏新良 | 东芝 | Satellite L5 | 4700 | 2 | 9400 | 376 | 9024 |
| 9 | 2019/3/11 | D2007 | 杨明海 | 联想 | Y560P-ISE | 8000 | 1 | 8000 | 320 | 7680 |
| 10 | 2019/3/11 | D2003 | 王玉如 | 联想 | V470G-ISE | 8900 | 1 | 8900 | 356 | 8544 |
| 11 | 2019/3/11 | D2003 | 王玉如 | 联想(台) | B505疾速型A | 8000 | 1 | 8000 | 320 | 7680 |
| 12 | 2019/3/11 | D2001 | 李小东 | 华硕 | A40JP | 5900 | 2 | 11800 | 708 | 11092 |
| 13 | 2019/3/11 | D2007 | 杨明海 | 联想 | V460A-ITH(T) | 4250 | 4 | 17000 | 1020 | 15980 |
| 14 | 2019/3/11 | D2005 | 严岑 | 宏碁 | Aspire 4750G | 4900 | 2 | 9800 | 392 | 9408 |
| 15 | 2019/3/11 | D2007 | 杨明海 | 联想(台) | A700-至尊型 | 14000 | 1 | 14000 | 840 | 13160 |
| 16 | 2019/3/11 | D2006 | 叶珍 | 海尔 | 简爱7G-I3390 | 5000 | 2 | 10000 | 600 | 9400 |
| 17 | 2019/3/11 | D2004 | 夏新良 | 东芝 | 东芝L630-08R | 5400 | 3 | 16200 | 972 | 15228 |
| 18 | 2019/3/12 | D2007 | 杨明海 | 联想 | V360A-ITH(380) | 4799 | 3 | 14397 | 863.82 | 13533.18 |
| 19 | 2019/3/12 | D2003 | 王玉如 | 联想 | U260-ITH0(橙) | 7000 | 4 | 28000 | 2240 | 25760 |
| 20 | 2019/3/12 | D2003 | 王玉如 | 联想 | V460A-ITH(T) | 4250 | 2 | 8500 | 340 | 8160 |
| 21 | 2019/3/12 | D2003 | 王玉如 | 联想 | V360A-ITH(380) | 4799 | 2 | 9598 | 383.92 | 9214.08 |
| 22 | 2019/3/12 | D2003 | 王玉如 | 联想 | U260-ITH0(橙) | 7000 | 1 | 7000 | 140 | 6860 |
| 23 | 2019/3/12 | D2004 | 夏新良 | 东芝 | Satellite L5 | 4700 | 2 | 9400 | 376 | 9024 |
| 24 | 2019/3/12 | D2007 | 杨明海 | 联想 | Y560P-ISE | 8000 | 2 | 16000 | 960 | 15040 |
| 25 | 2019/3/12 | D2007 | 杨明海 | 联想 | V470G-ISE | 8900 | 2 | 17800 | 1068 | 16732 |
| 26 | 2019/3/12 | D2007 | 杨明海 | 联想 | V460A-ITH(T) | 4250 | 3 | 12750 | 765 | 11985 |
| 27 | 2019/3/12 | D2005 | 严岑 | 宏碁 | Aspire 4750G | 4900 | 2 | 9800 | 392 | 9408 |
| 28 | 2019/3/12 | D2002 | 陈明涛 | 戴尔 | Alienware M1 | 16000 | 1 | 16000 | 960 | 15040 |
| 29 | 2019/3/12 | D2005 | 严岑 | 宏碁 | Aspire 4750G | 4900 | 1 | 4900 | 0 | 4900 |
| 30 | 2019/3/12 | D2007 | 杨明海 | 联想(台) | A700-至尊型 | 14000 | 1 | 14000 | 840 | 13160 |
| 31 | 2019/3/12 | D2006 | 叶珍 | 海尔 | 简爱7G-I3390 | 5000 | 3 | 15000 | 900 | 14100 |

图 3-34 “电子商店销售表”制作效果

| 折扣表 | |
|---|---|
| 金额 | 折扣 |
| >=5000 | 2% |
| >=8000 | 4% |
| >=10000 | 6% |
| >=20000 | 8% |
| 其他 | 无折扣 |

图 3-35　“折扣”列数据的计算方法

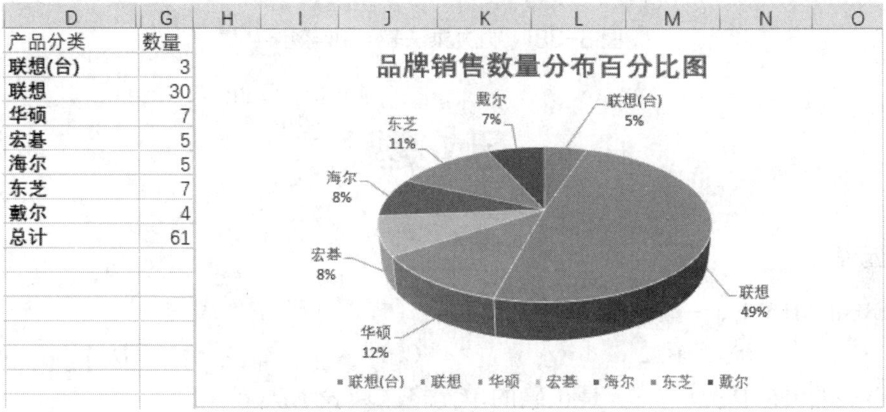

| 产品分类 | 数量 |
|---|---|
| 联想(台) | 3 |
| 联想 | 30 |
| 华硕 | 7 |
| 宏碁 | 5 |
| 海尔 | 5 |
| 东芝 | 7 |
| 戴尔 | 4 |
| 总计 | 61 |



图 3-36　品牌销售数量分布百分比图效果

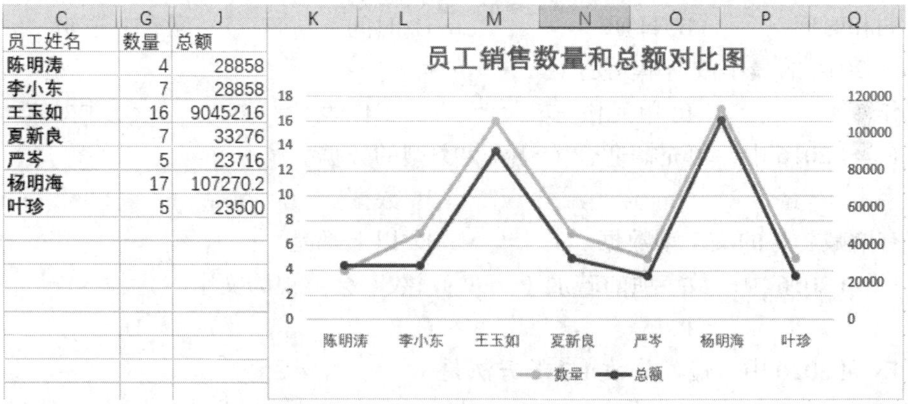

| 员工姓名 | 数量 | 总额 |
|---|---|---|
| 陈明涛 | 4 | 28858 |
| 李小东 | 7 | 28858 |
| 王玉如 | 16 | 90452.16 |
| 夏新良 | 7 | 33276 |
| 严岑 | 5 | 23716 |
| 杨明海 | 17 | 107270.2 |
| 叶珍 | 5 | 23500 |



图 3-37　员工销售数量和总额对比图效果

【实验 10-3】 公式和函数是 Excel 中重要的功能之一，利用公式和函数，可以实现多种表格的制作。使用公式和函数制作阶梯形式的九九乘法表，如图 3-38 所示。

实验要求

（1）使用公式和函数实现九九乘法表（注意公式中的相对引用、绝对引用、混合引用）。

（2）要求用自动填充方式完成数据的输入和计算。

（3）表格制作完成后，使用“设置单元格格式”命令对表格进行编辑和排版。制作效果如图 3–38 所示。

| | A | B | C | D | E | F | G | H | I |
|---|---|---|---|---|---|---|---|---|---|
| 1 | 1×1=1 | | | | | | | | |
| 2 | 2×1=2 | 2×2=4 | | | | | | | |
| 3 | 3×1=3 | 3×2=6 | 3×3=9 | | | | | | |
| 4 | 4×1=4 | 4×2=8 | 4×3=12 | 4×4=16 | | | | | |
| 5 | 5×1=5 | 5×2=10 | 5×3=15 | 5×4=20 | 5×5=25 | | | | |
| 6 | 6×1=6 | 6×2=12 | 6×3=18 | 6×4=24 | 6×5=30 | 6×6=36 | | | |
| 7 | 7×1=7 | 7×2=14 | 7×3=21 | 7×4=28 | 7×5=35 | 7×6=42 | 7×7=49 | | |
| 8 | 8×1=8 | 8×2=16 | 8×3=24 | 8×4=32 | 8×5=40 | 8×6=48 | 8×7=56 | 8×8=64 | |
| 9 | 9×1=9 | 9×2=18 | 9×3=27 | 9×4=36 | 9×5=45 | 9×6=54 | 9×7=63 | 9×8=72 | 9×9=81 |

图 3–38 “九九乘法表”制作效果

# 习 题

## 一、选择

1. 在 Excel 2016 中，一个工作簿中默认包含（　　）张工作表。

A. 3　　B. 2　　C. 1　　D. 4

2. 在 Excel 2016 中，（　　）是正确的单元格区域表示法。

A. B2#F6　　B. B2..F6　　C. B2:F6　　D. B2>F6

3. 在 Excel 2016 中，数据类型有数字、文字和（　　）。

A. 日期和时间　　B. 日期　　C. 时间　　D. 逻辑

4. Excel 2016 的最小数据单元是（　　）。

A. 工作簿　　B. 单元格　　C. 工作表　　D. 数据值

5. 在 Excel 2016 中，填充柄适合（　　）类型的数据。

A. 文字　　B. 数据

C. 具有增减趋势的文字型数据　　D. 以上都是

6. 在 Excel 2016 中，数字项前若加（　　），数字会被视为文字。

A. '　　B. !　　C. $　　D. ^

7. 在 Excel 2016 中，输入分数 1/2 的方法是（　　）。

A. –1/2　　B. 01/2　　C. 0 1/2　　D. 0.5

8. 在 Excel 2016 中，可利用“设置单元格格式”对话框的“对齐”选项卡设置对齐格式，其中“方向”栏用于改变单元格中文本旋转的角度，角度范围是（　　）。

A. –360° ~ +360°　　B. –180° ~ +180°

C. –90° ~ +90°　　D. 0 ~ 360°

9. 在 Excel 2016 中，选择工作表的某个单元格后，选择“视图”选项卡“窗口”组的“拆分”命令，可以此单元格为界，将原工作表窗口拆分为（　　）窗口。

A. 水平的两个　　B. 垂直的两个

C. 交叉的四个　　D. 任意多个

10. 在 Excel 2016 工作表中，每个单元格都有唯一的编号，编号方法是（　　）。

A. 数字 + 字母　　B. 字母 + 数字

C. 行号 + 列标　　D. 列标 + 行号

11. 在 Excel 2016 中，在单元格内出现“####”时，通常表明（　　）。

A. 显示的是字符串 "####"　　B. 列宽不够，无法显示数值数据

C. 数值溢出　　D. 计算错误

12. 在 Excel 2016 中，当公式中出现被零除的现象时，产生的错误值是（　　）。

A. #N/A！　　B. #DIV/0！　　C. #NUM！　　D. #VALUE！

13. 在 Excel 2016 中进行公式复制时，为使公式中的（　　），必须使用绝对地址（引用）。

A. 单元格地址随新位置而变化　　B. 范围随新位置而变化

C. 范围不随新位置而变化　　D. 范围大小随新位置而变化

14. 在 Excel 2016 中，按快捷键（　　）可以在所选的多个单元格中输入相同的数据。

A. Alt+Shift　　B. Shift+Enter

C. Ctrl+Enter　　D. Alt+Enter

15. 在 Excel 2016 中，表示同一工作簿内的不同单元格时，工作表名与单元格之间应使用（　　）连接。

A. (　　B. ;　　C. !　　D. |

16. 下列选项中，对 Excel 2016 中的“筛选”功能描述正确的是（　　）。

A. 按要求对工作表数据进行排序

B. 隐藏符合条件的数据

C. 只显示符合设定条件的数据，而隐藏其他

D. 按要求对工作表数据进行分类

17. 在 Excel 2016 中，在进行分类汇总前必须（　　）。

A. 先按预分类汇总的字段进行排序

B. 先对符合条件的数据进行筛选

C. 先排序，再筛选

D. 各选项都不需要

18. 在 Excel 2016 工作表 Sheet1 中，设已在单元格 A1、B1 中分别输入数据 20、40，若在单元格 C1 中输入公式“=A1>B1”，则 C1 的值为（　　）。

A. YES　　B. NOT　　C. TRUE　　D. FALSE

19. 在 Excel 2016 工作表中，公式中运算符的优先级别由高到低的顺序为（　　）。

A. 数学运算符，比较运算符，字符串连接符

B. 数学运算符，字符串连接符，比较运算符

C. 比较运算符，字符串连接符，数学运算符

D. 字符串连接符，比较运算符，数学运算符

20. 在 Excel 2016 中，关于选择性粘贴的叙述错误的是（　　）。

A. 选择性粘贴可以只粘贴格式

B. 选择性粘贴可以只粘贴公式

C. 选择性粘贴可以将源数据的排序旋转 90°，即“转置”粘贴

D. 选择性粘贴只能粘贴数值型数据

## 二、应用

1. 在 Excel 2016 中完成以下操作。

（1）新建一个工作簿文件“员工工资浮动情况表.xlsx”，将下列数据建成一个数据表(存放在 A1:E5 单元格区域内)，并求出个人工资的浮动额以及原来工资和浮动额的“总计”（保留 2 位小数)，其计算公式是：浮动额 = 原来工资 × 浮动率。将数据表保存在 Sheet1 工作表中。

| 序号 | 姓名 | 原来工资 | 浮动率 | 浮动额 |
|---|---|---|---|---|
| 1 | 张三 | 2500 | 0.5% | |
| 2 | 王五 | 9800 | 1.5% | |
| 3 | 李红 | 2400 | 1.2% | |
| 总计 | | | | |

（2）在上述工作表中，选择“姓名”“原来工资”“浮动额”(不含“总计”行）三列数据，建立三维簇状条形图图表，图表标题为“职工工资浮动额情况”，设置坐标轴标题，主要横坐标（$X$）轴标题为“金额”，主要纵坐标（$Y$）轴标题为“姓名”，嵌入在工作表 A7:F17 单元格区域中。

（3）将工作表 Sheet1 更名为“浮动额情况表”。

2. 在 Excel 2016 中完成以下操作。

（1）新建一个工作簿文件“放射性元素衰变记录表.xlsx”，将下列某种放射性元素衰变的测试结果数据建成一个数据表（数值型，保留 1 位小数，存放在 A1:E6 单元格区域内），设置第一行的行高为 20，将 A、E 列的列宽设置为 11，求出实测值与预测值之间的误差的绝对值，将数据表保存在 Sheet1 工作表中。

| 时间 / 小时 | 实测值 | 预测值 | 误差 |
|---|---|---|---|
| 0 | 16.5 | 20.5 | |
| 10 | 27.2 | 25.8 | |
| 12 | 38.3 | 40.0 | |
| 18 | 66.9 | 68.8 | |
| 30 | 83.4 | 80.0 | |

（2）在“误差”列右侧增加“预测准确度”列，并在 E2:E6 单元格区域中按照给出的评估规则计算出预测准确度。评估规则为：误差低于或等于实测值的 10%，预测准确度为“高”；误差大于实测值的 10%，预测准确度为“低”（使用 IF 函数）。在 A1:F6 单元格区域内设置表格主题为“环保”。

（3）在数据表中选择“实测值”“预测值”两列数据建立“带数据标记的折线图”，系列产生在“列”，图表标题为“测试结果误差图”，并将其嵌入到工作表的 A8:E18 单元格区域中。将工作表 Sheet1 更名为“测试结果误差表”，并设置工作表标签颜色为“红色”。

# 第 4 部分

# 演 示 文 稿

## 实验 11　演示文稿的制作与编辑

### 实验目的

- 熟练掌握创建演示文稿的方法。
- 熟练掌握幻灯片的编辑操作。
- 掌握美化演示文稿的方法。
- 掌握幻灯片的动画设置方法。
- 掌握放映演示文稿的方法。

### 一、基础实验

【实验 11-1】 制作“母亲节”幻灯片，如图 4-1 所示。

图 4-1 “母亲节”幻灯片

实验要求

（1）更改演示文稿中幻灯片比例为 4 ： 3。
（2）在幻灯片中插入本机图片或联机图片。

（3）在幻灯片标题和副标题位置输入文本。

（4）合理设置幻灯片背景。

（5）将演示文稿保存在“D:\PowerPoint\”目录下，命名为“11–1.pptx”。

**操作步骤**

（1）打开文件资源管理器，进入 D 盘文件夹窗口，在空白处右击，在弹出的快捷菜单中选择“新建”→“文件夹”命令，输入文件夹名“PowerPoint”，按 Enter 键。

（2）新建幻灯片。启动 PowerPoint 2016，新建空白演示文稿，演示文稿会默认生成一张幻灯片，该幻灯片的自动版式为“标题幻灯片”，且幻灯片上已有两个文本框（标题区、副标题区）。在“设计”选项卡“自定义”组中单击“幻灯片大小”下拉按钮，在下拉菜单中选择“标准（4∶3）”选项，如图 4–2 所示，将幻灯片比例改为 4∶3。

（3）插入图片。单击“插入”选项卡“图像”组中的“图片”下拉按钮，在下拉菜单中选择“此设备”命令，打开“插入图片”对话框，插入“花朵 .jpg”和“HappyMotherDay.jpg”两张图片（在下拉菜单中选择“联机图片”，可以在弹出的窗口中联网搜索选择要插入的图片），根据图 4–1 适当调整插入的两张图片的大小和位置。

（4）输入文本。在幻灯片的标题区中输入文本“祝您母亲节快乐”，在“开始”选项卡“字体”组中设置其字体为“华文行楷”，字号为“48”。在副标题区中输入文本“辰辰敬上”，在“开始”选项卡“字体”组中设置其字体为“华文行楷”，字号为“32”。最后适当调整标题和副标题的大小和位置（见图 4–1）。

（5）设置幻灯片背景的填充色为渐变色。单击“设计”选项卡“自定义”组中的“设置背景格式”按钮，在工作区右侧打开“设置背景格式”任务窗格。在“填充”栏中选中“渐变填充”单选按钮。在“渐变光圈”栏下依次单击“停止点 1”“停止点 2”“停止点 3”“停止点 4”（默认有 4 个渐变光圈停止点，如数目不对，可单击右侧按钮添加或删除），再依次设定“颜色”分别为红色、红偏黄、红偏紫、红色，设定“位置”分别为 0%、33%、67%、100%，设定“亮度”分别为 0%、25%、50%、75%，“停止点 4”的设置如图 4–3 所示。

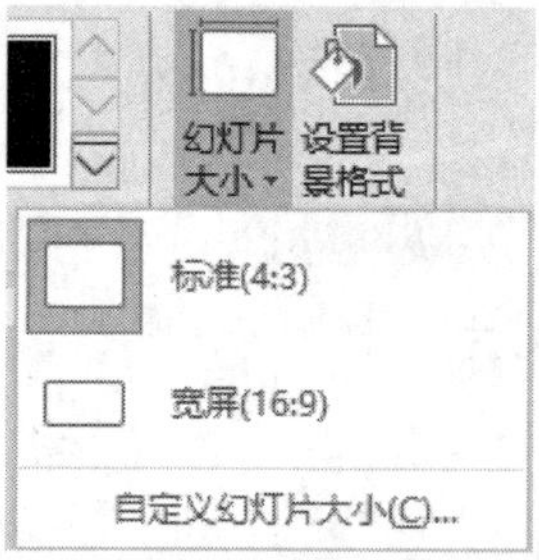


图 4–2 “幻灯片大小”设置

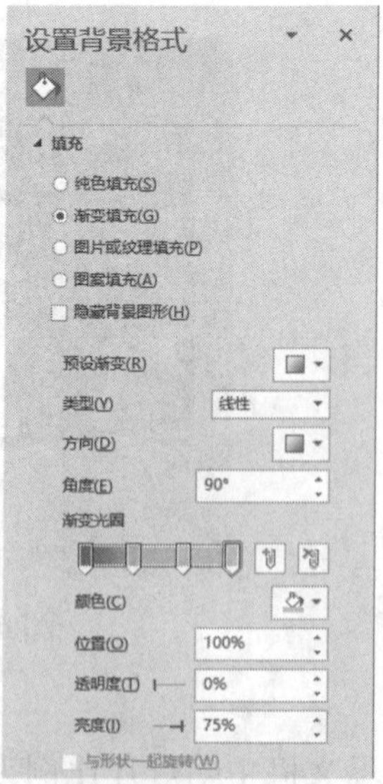


图 4–3 “设置背景格式”任务窗格

（6）保存演示文稿。单击“文件”按钮，在菜单中选择“保存”→“浏览”命令，打开“另存为”对话框，在地址栏中选择或输入“D:\PowerPoint\”，输入文件名“11–1”，单击“保存”按钮。

【实验 11–2】 制作“父亲节”幻灯片，如图 4–4 所示。

图 4–4 “父亲节”幻灯片

实验要求

（1）根据需要在演示文稿中添加新幻灯片。

（2）在幻灯片中添加文本框并设置格式。

（3）在幻灯片中添加动作按钮并设置格式。

（4）为幻灯片对象添加动画效果。

（5）将演示文稿保存在“D:\PowerPoint\”目录下，命名为“11–2.pptx”。

操作步骤

（1）在【实验 11–1】的成果的基础上生成一个新文件。确定当前打开了“11–1.pptx”并已保存，再单击“文件”按钮，在菜单中选择“另存为”→“浏览”命令，打开“另存为”对话框，在地址栏中选择或输入“D:\PowerPoint\”，输入文件名“11–2”，单击“保存”按钮。

（2）插入新幻灯片。单击“开始”选项卡“幻灯片”组中的“新建幻灯片”下拉按钮，在打开的 Office 主题中选择“标题和内容”，插入一张新幻灯片。

（3）插入图片。单击“插入”选项卡“图像”组中的“图片”下拉按钮，在下拉菜单中选择“此设备”命令，打开“插入图片”对话框，插入“感恩父亲节 .jpg”（也可以是其他相关图片），依照图 4–4 适当调整插入图片的大小和位置。

（4）输入文字。在幻灯片的标题区中输入文本“Happy Father's Day”，在“开始”选项卡“字体”组中设置其字体为“Brush Script MT”，加粗，字号为“48”。在“插入”选项卡“文本”组中单击“文本框”下拉按钮，在下拉菜单中选择“绘制横排文本框”命令，鼠标指针变为十字形时，依照图4–4在标题区下方绘制一个合适的文本框区域。双击文本框，输入对应文字（第1、2行文字左对齐，第3行文字右对齐），在“开始”选项卡“字体”组中设置其字体为“华文行楷”，字号为“32”。

（5）幻灯片格式化。单击“设计”选项卡“自定义”组中的“设置背景格式”按钮，在工作区右侧打开“设置背景格式”任务窗格。在“填充”栏中选中“图片或纹理填充”单选按钮。单击“纹理”下拉按钮，在下拉菜单中选择“褐色大理石”，单击“关闭”按钮。利用“开始”选项卡“字体”组中的相应按钮将幻灯片上的所有文字的颜色改为“白色”，再次适当调整标题区域及文本框的大小和位置。

（6）添加“返回”按钮，单击它可以回到第一张幻灯片。单击“插入”选项卡“插图”组中的“形状”下拉按钮，在形状库中的“动作按钮”区选择最右边的“动作按钮：空白”，将它画在幻灯片左下角的合适位置。在弹出的“操作设置”对话框的“单击鼠标”选项卡中选中“超链接到”单选按钮，在下拉列表框中选择“第一张幻灯片”选项，单击“确定”按钮。在动作按钮上右击，在弹出的快捷菜单中选择“编辑文字”命令，输入文字“返回”，并选中文字，将文字颜色设置为“黑色”，设置字体为“华为行楷”，字号为“24”。

（7）设置动作按钮格式。在动作按钮上右击，在弹出的快捷菜单中选择“设置形状格式”命令，打开“设置形状格式”任务窗格。在“填充与线条”选项卡“填充”栏中选中“渐变填充”单选按钮。在下方的“渐变光圈”栏中设置2个停止点，分别将“颜色”设置为橙色、金色，将“位置”设置为0%、100%，将“亮度”均设置为–25%。在“类型”下拉列表框中选择“矩形”；在“方向”下拉列表框中选择“从中心”。切换到“效果”选项卡，在“三维格式”栏的“顶部棱台”下拉列表框中选择“凸圆形”，如图4–5所示，单击“关闭”按钮关闭“设置形状格式”任务窗格。

（8）设置动画效果。选中图片，切换到“动画”选项卡，在“动画”组的动画库的“进入”区中选择“飞入”，再单击“动画”组中的“效果选项”下拉按钮，在下拉菜单中选择“自右侧”命令。

选中标题“Happy Father's Day”，切换到“动画”选项卡，在“动画”组的动画库中选择“更多进入效果”命令，打开“更改进入效果”对话框。在“细微”区中选择“展开”，如图4–6所示，单击“确定”按钮。再在“计时”组的“开始：”下拉列表框中选择“上一动画之后”选项，在“延迟：”文本框中选择或输入“01.00”，表示启动动画的时间是在上一个动画播放完毕1 s后。

依次对标题下面的文本框进行与上述标题同样的动画设定。

切换到“切换”选项卡，在“切换到此幻灯片”组的幻灯片切换库的“华丽”区中选择“涡流”。

（9）保存演示文稿。单击“文件”按钮，在菜单中选择“保存”命令，或直接单击快速访问工具栏的“保存”按钮保存“11–2.pptx”。

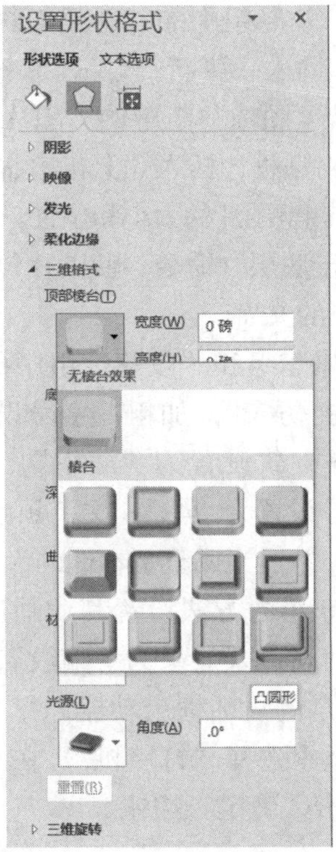


图 4-5　“返回”按钮的三维格式设置

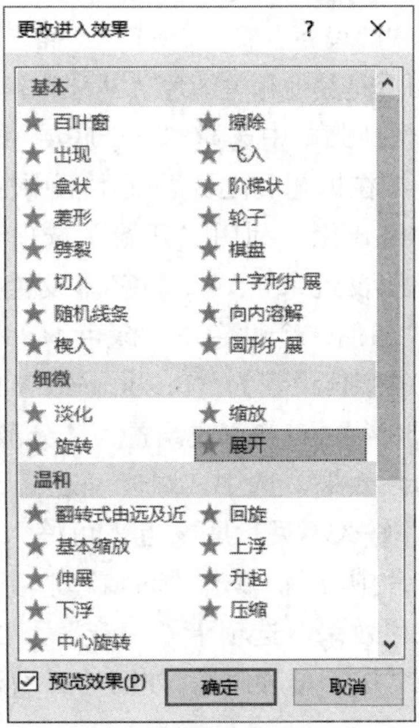


图 4-6　“更改进入效果”对话框

【实验 11-3】　制作“朋友的问候”幻灯片，如图 4-7 所示。

实验要求

（1）添加幻灯片及相关对象，按步骤完成各动画效果。

（2）将演示文稿保存在“D:\PowerPoint\”目录下，命名为“11-3.pptx”。

操作步骤

（1）在【实验 11-2】的成果的基础上生成一个新文件。确定当前打开了“11-2.pptx”并已保存，再单击“文件”按钮，在菜单中选择“另存为”→“浏览”命令，打开“另存为”对话框，在地址栏中选择或输入“D:\PowerPoint\”，输入文件名“11-3”，单击“保存”按钮。

图 4-7　“朋友的问候”幻灯片

（2）插入新幻灯片。单击“开始”选项卡“幻灯片”组中的“新建幻灯片”下拉按钮，在打开的幻灯片版式库中选择“标题幻灯片”版式，插入一张新幻灯片。

（3）插入图片并输入文字。单击“插入”选项卡“图像”组中的“图片”下拉按钮，在下拉菜单中选择“此设备”命令，打开“插入图片”对话框，插入“上花边.jpg”“下花边.jpg”和“绿叶.jpg”（可以是其他相关图片），根据图4-7适当调整图片的大小和位置。右击“绿叶.jpg”图片，在弹出的快捷菜单中选择“置于底层”→“置于底层”命令，使图片位于文字下方。

再依据图4-7在标题和副标题文本框中输入对应的文字。

（4）幻灯片格式化。利用“开始”选项卡“字体”组和“段落”组中的相应按钮将标题“好久不见！朋友近来可好”的字体设置为“华文仿宋”，加粗，字号设置为“54”，文字颜色设置为“绿色，个性色6，深色50%”，对齐方式设置为“居中”，将副标题“Best Wishes For You”的字体设置为“Brush Script MT”，字号设置为“48”，文字颜色设置为“绿色，个性色6，深色50%”，对齐方式设置为“分散对齐”，并适当调整文本框的大小和位置。

（5）设置动画效果。选中“绿叶.jpg”，用前面介绍的方法设置其动画进入效果为“形状”。选中标题“好久不见！朋友近来可好”，设置动画进入效果为“缩放”，并设置“效果选项”为“幻灯片中心”。单击“动画”选项卡右下角的对话框启动器，打开“缩放”对话框进行设置，在“效果”选项卡“声音”下拉列表框中选择“打字机”，在“动画文本”下拉列表框中选择“按字母顺序”，如图4-8所示，单击“确定”按钮。

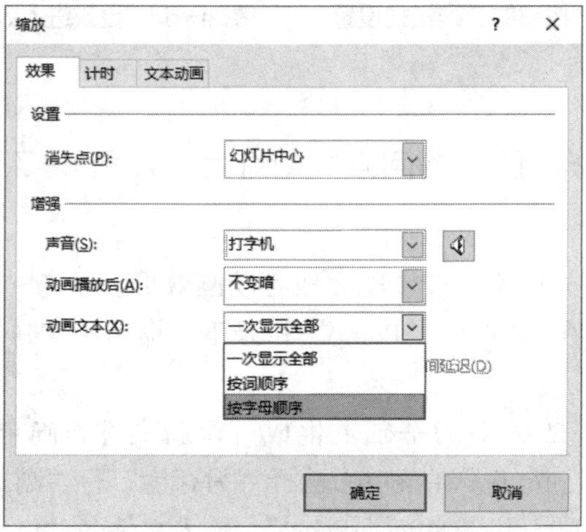


图4-8 “缩放”对话框

切换到“切换”选项卡，在“切换到此幻灯片”组的幻灯片切换库中的“华丽”区选择“框”。添加“返回”动作按钮，制作方法与“父亲节快乐”幻灯片中的“返回”动作按钮的制作方法相同。

（6）保存演示文稿。单击“文件”按钮，在菜单中选择“保存”命令，或直接单击快速访问工具栏的“保存”按钮保存“11-3.pptx”。

## 【实验11-4】 制作“贺卡”幻灯片，完成整个演示文稿，如图4-9所示。

### 实验要求

（1）添加幻灯片特定文字，设置段落项目符号及格式。

（2）按步骤为特定幻灯片文字设置超链接。

（3）按步骤为特定幻灯片设置背景音乐，进行相关设置。

（4）设置幻灯片放映方式，查看播放效果。

（5）将演示文稿保存在“D:\PowerPoint\”目录下，命名为“11-4.pptx”。

（a）“贺卡”幻灯片

（b）“母亲节”幻灯片

（c）“父亲节”幻灯片

（d）“朋友的问候”幻灯片

图4-9　完整演示文稿

### 操作步骤

（1）在【实验 11-3】的成果的基础上生成一个新文件。确定当前打开了“11-3.pptx”并已保存，再单击“文件”按钮，在菜单中选择“另存为”→“浏览”命令，打开“另存为”对话框，在地址栏中选择或输入“D:\PowerPoint\”，输入文件名“11-4”，单击“保存”按钮。

（2）插入新幻灯片。单击“开始”选项卡“幻灯片”组中的“新建幻灯片”下拉按钮，在打开的幻灯片版式库中选择“标题和内容”版式，插入一张新幻灯片。

（3）插入图片并输入文字。单击“插入”选项卡“图像”组中的“图片”下拉按钮，在下拉菜单中选择“此设备”命令，打开“插入图片”对话框，插入“树叶草地.jpg”（可以是其他相关图片），拉伸图片使其覆盖整个幻灯片。右击图片，在弹出的快捷菜单中选择“置于底层”→“置于底层”命令，使图片位于所有文本框下方。

依据图 4-9（a）在标题框中输入对应的文字，再在“插入”选项卡“文本”组中单击“文本框”下拉按钮，在下拉菜单中选择“绘制横排文本框”命令，鼠标指针变为十字形时，在标题区下方绘制一个合理的文本框区域，最后双击文本框并输入对应文字。

（4）幻灯片格式化。利用“开始”选项卡“字体”组中的相应按钮将标题“温馨贺卡”的字体设置为“华文行楷”，字号设置为“48”，文字颜色设置为“绿色，个性色 6，深色 25%”。

选择标题下的文本框文本，单击“开始”选项卡“段落”组中的“项目符号”下拉按钮，在下拉菜单中选择“项目符号和编号”命令，打开“项目符号和编号”对话框。在“项目符号”选项卡中单击“自定义”按钮，打开“符号”对话框。在“字体”下拉列表框中选择“Wingdings”，将项目符号定义为“❖”，颜色设置为“绿色，个性色 6，深色 25%”。

将文本框中的文本“母亲节快乐”“父亲节快乐”“朋友的问候”的字体设置为“华文楷体”，字号设置为“32”，行距设置为 1.5 倍行距，并适当调整文本框大小和位置。

（5）设置动画效果。选中文本“母亲节快乐”“父亲节快乐”“朋友的问候”，用前面介绍的方法设置动画效果为从底部飞入。切换到“切换”选项卡，在“切换到此幻灯片”组的幻灯片切换库中的“动态内容”区选择“旋转”。

（6）在普通视图左侧的幻灯片缩略图中，单击“温馨贺卡”幻灯片，按住鼠标左键将其移动到整个演示文稿最前面的位置。

（7）设置超链接。选中文本“母亲节快乐”，单击“插入”选项卡“链接”组中的“链接”按钮，打开“插入超链接”对话框。在“链接到”栏中单击“本文档中的位置”按钮，在“请选择文档中的位置”列表框中单击“祝您母亲节快乐”，如图 4-10 所示，然后单击“确定”按钮。

图 4-10 “插入超链接”对话框

用同样的方法将“父亲节快乐”“朋友的问候”链接到相应的幻灯片上。

（8）插入背景音乐。选中第 1 张幻灯片，单击“插入”选项卡“媒体”组中的“音频”下拉按钮，从下拉菜单中选择“PC 上的音频”命令，打开“插入音频”对话框，选择背景音乐“背景.mp3”（也可以是其他音乐），单击“插入”按钮。

单击“动画”选项卡“高级动画”组中的“动画窗格”按钮，在工作区右侧打开“动画窗格”任务窗格。单击动画列表中最后“背景”右边的下拉按钮，在下拉菜单中选择“效果选项”命令，打开“播放音频”对话框。在“效果”选项卡的“停止播放”栏中设置“在 4 张幻灯片后”，如图 4-11 所示，表示声音一直播放，直到 4 张幻灯片全部播放完毕。

再选中声音图标，在出现的“音频工具”→“播放”选项卡“音频选项”组中勾选“放映时隐藏”复选框。

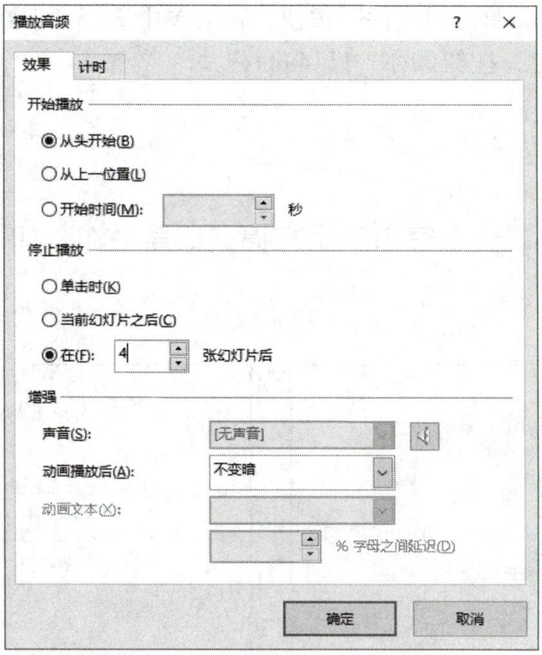


图 4–11　“播放音频”对话框

（9）设置放映方式。单击“幻灯片放映”选项卡“设置”组中的“设置幻灯片放映”按钮，打开“设置放映方式”对话框。选中“演讲者放映（全屏幕）”单选按钮并勾选“循环放映，按 ESC 键终止”复选框，如图 4–12 所示，单击“确定”按钮。然后按功能键 F5 观看整个演示文稿的播放效果。

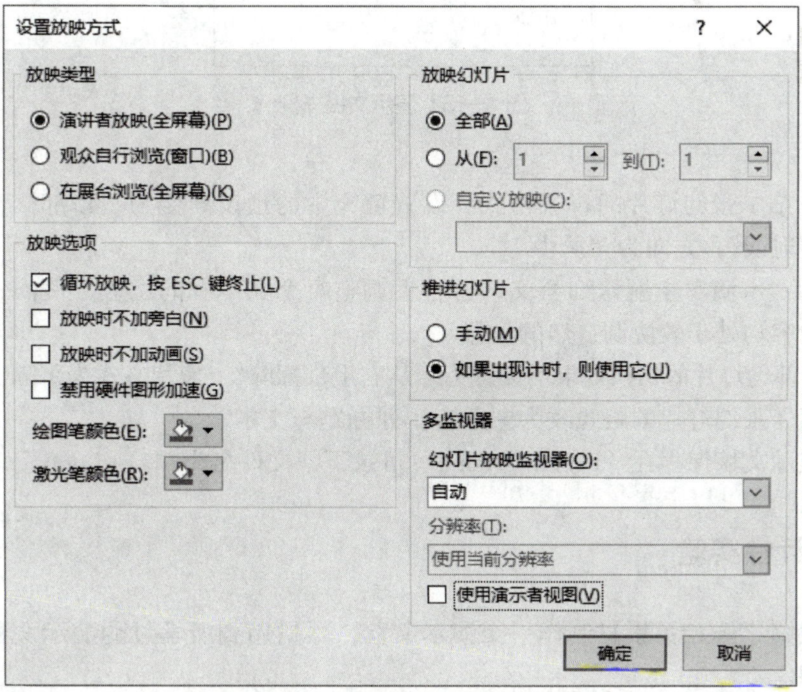


图 4–12　“设置放映方式”对话框

（10）保存演示文稿。单击“文件”按钮，在菜单中选择“保存”命令，或直接单击快速访问工具栏中的“保存”按钮保存“11-4.pptx”。

## 二、验证性实验

【实验 11-5】 建立一个空白演示文稿，在其中输入如图 4-13 所示的内容，完成下列操作。

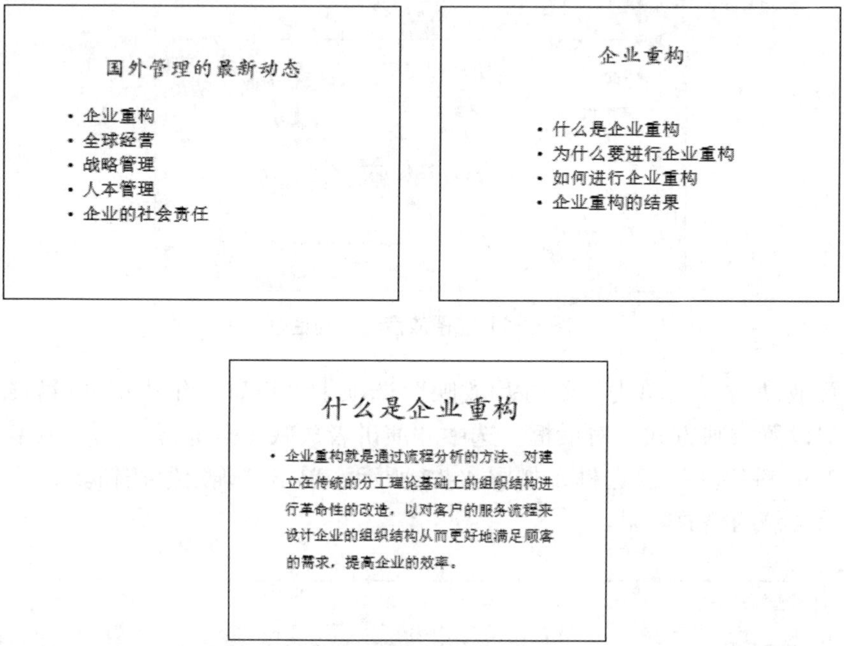


图 4-13　演示文稿样例

实验要求

（1）设置第 1 张幻灯片的背景格式。设置填充中的预设渐变为“顶部聚光灯 – 个性色 5”，类型为“射线”，方向为“从中心”。

（2）应用“水滴”主题修饰全文，再合理调整每个文本框的位置，使演示文稿的所有幻灯片文字内容均处于较协调自然的位置。

（3）将全部幻灯片的切换效果均设置为“从右上部擦除”，换片方式为每隔 5 s 自动换片。

（4）将第 3 张幻灯片的版式改为“垂直排列标题与文本”。

（5）将演示文稿保存在“D:\ PowerPoint”目录下，文件名为“11-5.pptx”。

## 三、设计性实验

（1）收集文字和相关素材制作一个演示文稿，尽量用到所学过的演示文稿的编辑、美化等相关知识。

（2）设计一个自我介绍的演示文稿。

# 习 题

## 一、选择

1. PowerPoint 2016 演示文稿的基本组成单元是（　　）。

A. 文本　　B. 图形　　C. 幻灯片　　D. 文本框

2. 在 PowerPoint 2016 中可以插入的内容有（　　）。

A. 图表、图像　　B. 声音、影片　　C. 幻灯片、超链接　　D. 以上都是

3. 利用 PowerPoint 2016 的“超链接”命令可（　　）。

A. 实现幻灯片之间的跳转　　B. 实现演示文稿幻灯片的移动

C. 中断幻灯片的放映　　D. 在演示文稿中插入幻灯片

4. 下面的选项中，不属于 PowerPoint 2016 的窗口部分的是（　　）。

A. 幻灯片区　　B. 大纲区　　C. 备注区　　D. 播放区

5. 以下有关创建新的 PowerPoint 2016 幻灯片的说法中，错误的是（　　）。

A. 可以利用空白演示文稿创建　　B. 在演示文稿类型中，只能选择模板创建

C. 演示文稿的输出类型应根据需要选中　　D. 可以利用已有模板创建

6. PowerPoint 2016 中有多种母版，（　　）不属于母版之一。

A. 标题母版　　B. 讲义母版　　C. 格式母版　　D. 备注母版

7. PowerPoint 2016 的“设计模板”包含（　　）。

A. 预定义的幻灯片背景和配色方案　　B. 预定义的幻灯片版式

C. 预定义的幻灯片背景　　D. 预定义的幻灯片配色方案

8. 在 PowerPoint 2016 中，（　　）包含的信息出现在幻灯片、纸稿或注释页的底部。

A. 页眉　　B. 帮助　　C. 页脚　　D. 注释

9. 在 PowerPoint 2016 中，在幻灯片浏览视图下，按住 Ctrl 并拖动某幻灯片，可以完成（　　）操作。

A. 移动幻灯片　　B. 复制幻灯片　　C. 删除幻灯片　　D. 选中幻灯片

10. 在 PowerPoint 2016 中打印演示文稿时，如果在“打印内容”栏中选择“讲义”，则每页打印纸上最多能输出（　　）张幻灯片。

A. 2　　B. 4　　C. 6　　D. 9

11. 在 PowerPoint 2016 中，要观看所有幻灯片，应选择（　　）视图。

A. 幻灯片浏览　　B. 普通　　C. 幻灯片放映　　D. 幻灯片

12. 在 PowerPoint 2016 中，*.potx 文件是（　　）。

A. 演示文稿　　B. 模板文件

C. 其他版本的演示文稿　　D. 可执行文件

13. 在 PowerPoint 2016 中，使用（　　）可以从当前的幻灯片开始放映。

A. F5　　B. Shift+F5　　C. Ctrl+F5　　D. Alt+F5

14. 在 PowerPoint 2016 中，移动文本和复制文本的区别在于（　　）。

A. 复制时将文本从一个位置搬到另一个位置，而移动时原文本还存在

B. 移动时将文本从一个位置搬到另一个位置，而复制时原文本还存在

C. 移动的速度比复制的快

D. 复制的速度比移动的快

15. 在 PowerPoint 2016 中，有关修改图片，下列说法中错误的是（　　）。

A. 裁剪图片是指保持图片的大小不变，而将不希望显示的部分隐藏起来

B. 当需要重新显示被隐藏的部分时，还可以通过“裁剪”按钮进行恢复

C. 如果要裁剪图片，单击选中图片，再单击“裁剪”按钮

D. 按住鼠标右键向图片内部拖动时，可以隐藏图片的部分区域

16. 在 PowerPoint 2016 的（　　）视图中，用户可以看到画面变成上下两部分，上面是一张缩小了的幻灯片，而在下面的方框中，用户可以输入幻灯片的一些备注信息。

A. 备注页　　B. 幻灯片浏览

C. 普通　　D. 幻灯片放映

17. 在 PowerPoint 2016 中，下列关于幻灯片放映的叙述中错误的是（　　）。

A. 可自动放映，也可人工放映　　B. 放映时可只放映部分幻灯片

C. 可以选择放映时放弃原来的动画设置　　D. 无“循环放映”选项

18. 在 PowerPoint 2016 中，如果放映演示文稿时无人看守，放映的类型最好选择（　　）。

A. 演讲者放映　　B. 在展台浏览

C. 观众自行浏览　　D. 排练计时

19. 在 PowerPoint 2016 中，可以将演示文稿另存为多种类型的文件格式，除了（　　）文件。

A. .xps　　B. .jpg　　C. .exe　　D. .ppsx

20. 在 PowerPoint 2016 中，关于幻灯片的移动、复制、删除等操作，叙述错误的是（　　）。

A. 这些操作在幻灯片浏览视图中最方便

B. “复制”操作只能在同一演示文稿中进行

C. 利用“剪切”操作可以删除幻灯片

D. 选中幻灯片后，按 Delete 键可以删除幻灯片

二、应用

1. 以“经济学讲座”（标题为“经济学讲座”，副标题为“科普知识讲座系列之一”）为主题，设计一个介绍经济学知识的演示文稿，其内容包括经济学概论、宏观经济学、微观经济学、经济学分类等。实验要求如下。

（1）幻灯片不能少于 10 张，要求有完整的结构，有醒目的开头和结尾效果。

（2）使用各种对象，通过插入图片、艺术字、自选图形、图表、组织结构图、Flash 动画等对象表现幻灯片主题，不少于 3 种对象。

（3）演示文稿中要有动画效果、切换效果和超链接，整个幻灯片多媒体效果流畅。

（4）演示文稿中要有声音效果，可以采用插入影片和声音文件、循环播放、录制旁白等声音效果。

（5）设置自动放映或自定义放映，能根据不同需要采用交互式播放或者完全自动放映。

（6）打包演示文稿或者对演示文稿进行格式转换，了解演示文稿打包和格式转换的优点，使得在不同设备上也能完整地播放该演示文稿，不会因为软件环境变化而丢失效果。

2. 制作“管理学讲座 .pptx”（标题为“管理学讲座”，副标题为“科普知识讲座系列之

二”），要求演示文稿的主题突出，有视觉效果和层次感，令人印象深刻。实验要求如下。

（1）合理选择多媒体效果的图形、图片，使幻灯片焦点突出，将字词转换为更有视觉冲击力的图形、图片。例如，使用3D字形突出主题等。

（2）使用SmartArt布局创建多种类型的图形，如组织结构图、列表。

（3）使用自带的图片编辑工具而不需另外调用和使用其他图片编辑软件，直接对颜色饱和度、亮度和对比度进行调整，并对图片进行高级剪裁和艺术过滤。

（4）利用PowerPoint 2016提供的全新的多种动态三维幻灯片切换和动画效果，使播放效果更流畅、自然。

（5）合理加入声音和视频，设计组合动画和动作路径特效，丰富演示文稿的多媒体效果。

（6）合理对演示文稿的配色进行修改，体现统一性和层次感，形成一个完整的演示文稿。

# 第 5 部分

# 网络信息检索与信息发布

## 实验 12　因特网信息查询与网页文件保存

### 实验目的

- 掌握利用浏览器查找网站的方法。
- 掌握利用搜索引擎查找资料的方法。
- 掌握 Microsoft Edge 浏览器的常规设置方法。
- 掌握复制文档的方法。
- 掌握保存文档的方法。
- 掌握解决文档格式混乱问题的方法。

### 一、基础实验

【实验 12-1】 因特网信息查询。

实验要求

（1）使用浏览器访问网易首页。

（2）利用搜索引擎搜索与“大学计算机基础”相关的资料。

（3）对 Microsoft Edge 浏览器进行常规设置

操作步骤

1. 利用浏览器查找网站

双击桌面上的“Microsoft Edge”图标（以下简称 Edge），然后在 Edge 浏览器的地址栏中输入需要查找的网站的域名，即可找到需要的网站。例如，要查找网易网站，只需要在 Edge 浏览器的地址栏中输入“www.163.com”，按 Enter 键后即可打开网易网站的首页，如图 5-1 所示。

2. 利用搜索引擎查找资料

在 Edge 浏览器的地址栏中输入“www.baidu.com”并按 Enter 键，这时浏览器将打开百度网站的首页。在百度搜索框中输入需要查找资料的关键字并按 Enter 键，即可搜索到与关键字相关的网页，然后单击网页上的超链接，就可以打开相关资料的网页。例如，查找与“大学计算机基础”相关的网页，只需要在百度搜索框中输入“大学计算机基础”并按 Enter 键，就可以搜索到相关网页，如图 5-2 所示。

图 5-1　网易网站的首页

图 5-2　利用百度进行网页搜索

3. Edge 浏览器的常规设置

对于初级应用者来说，不需要更改 Edge 浏览器的默认设置，基本上就可以直接上网浏览了。但是若想在使用 Edge 浏览器时更加得心应手，则需要用户根据自己的喜好对 Edge 浏览器的设置进行改动。

（1）主页（初始页）的设置。主页是指浏览器打开时首先链接的站点。用户每次启动 Edge 浏览器时，Edge 浏览器总是先自动打开主页，这对于经常访问某个网站或者特别喜欢某个网站的用户而言，会带来一些方便。如图 5-3 所示，可以单击 Edge 浏览器右上角的三个点 ···，选择“设置”选项，打开“设置”页面，再单击页面左侧列表中的“开始、主页和新建标签页”选项，然后选中“打开以下页面”单选按钮。最后单击右侧的“添加新页面”按钮，输入想要设置为主页的网址并单击“添加”按钮即可。此时关闭并重新打开 Edge 浏览器，将会自动打开所设置的主页。

（a）

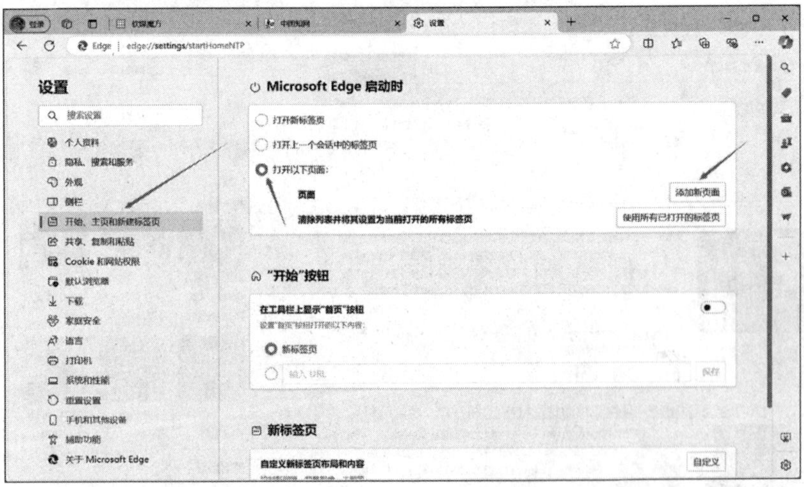


（b）

图 5-3　Edge 浏览器主页的设置

（2）删除 Edge 浏览器临时文件。每次上网后，Edge 浏览器都会在特定目录下保留查看过的网页内容，要删除上网产生的这些临时文件，方法是打开 Edge 浏览器的设置页面（见

图 5–3），单击左侧列表中的“隐私、搜索和服务”选项，在右侧找到“删除浏览数据”栏，单击“选择要清除的内容”按钮。然后选择时间范围并勾选需要删除的内容，单击“立即清除”按钮即可删除 Edge 浏览器临时文件，如图 5–4 所示。

图 5–4　删除 Edge 浏览器临时文件

（3）收藏经常使用的网址。对于一些用户经常使用的网站，如新闻、资料、图片、邮箱等网站的地址，可以在打开这些网页后，单击 Edge 浏览器地址栏右端的空心五角星按钮☆，然后在弹出的页面中单击“完成”按钮，这样就将相应的网址收藏了。下次访问网站时，直接单击 Edge 浏览器右上角的收藏夹按钮✰，然后单击“收藏夹”下拉列表框中的相应网站的名称，即可打开相应网页。

## 【实验 12–2】 网页文件保存与复制。

### 实验要求

（1）保存网页为多个文件。
（2）保存网页为单一文件。
（3）将网页内容复制到 Word 文档中。

### 操作步骤

1. 保存网页为多个文件

（1）当用 Edge 浏览器浏览网页时，看到有用的资料，如果希望将它们保存下来，可以先单击右上角的三个点，然后选择“更多工具”→“将页面另存为”命令，最后在“另存为”对话框中设置保存网页的路径和名称，单击“保存”按钮即可。这样保存的网页文件为 Web 页，文件类型为 HTML 文件。

（2）用以上方法保存网页时，会自动产生一个存放网页图片等素材的 files 文件夹。files 文件夹中的文件较小，但数量较多，当需要保存的网页文件较多时，会导致计算机内小文件过多，查找和复制文件时系统运行效率低下。

2. 保存网页为单一文件

打开一个网页，单击 Edge 浏览器右上角的三个点，然后选择“更多工具”→“将页面另存为”命令，接着在“另存为”对话框中的“保存类型”下拉列表框中，选择文件类型为“网页，单个文件（*.mhtml）”，如图 5–5 所示。这样 Edge 浏览器就会把网页上的所有元素（包括文字和图片）集成保存在一个 MHTML 类型的文件中，不管把这个文件放到哪台计算机上，打开后都是一张图文并茂的网页。

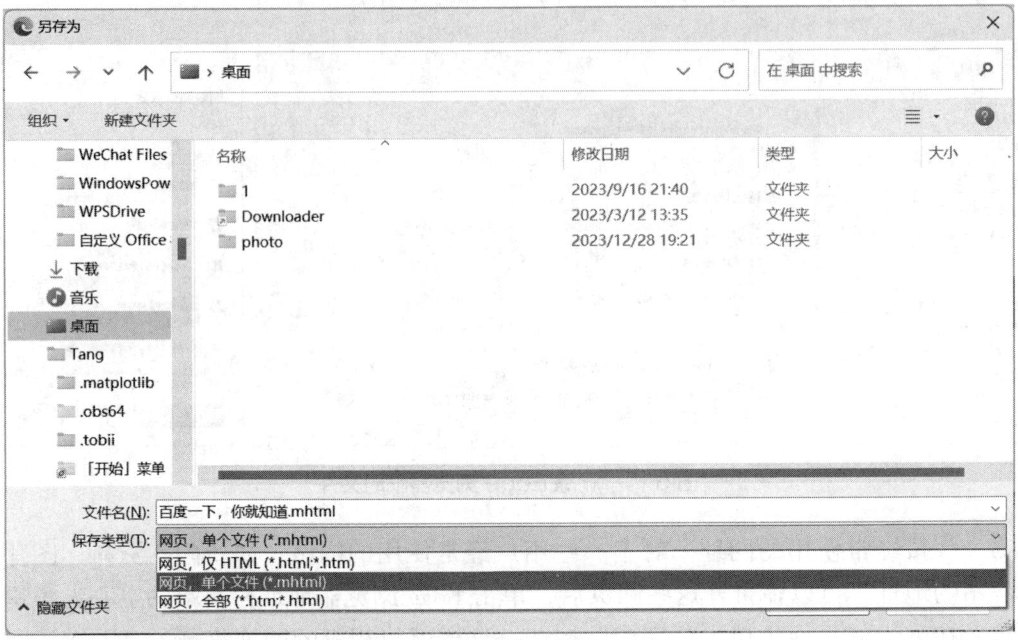


图 5-5　保存网页为单一文件

3. 将网页内容复制到 Word 文档中

打开一个网页，按快捷键 Ctrl+A 选中网页全部内容，按快捷键 Ctrl+C 复制网页内容，然后打开 Word 程序，新建一个空白文档，再按快捷键 Ctrl+V 将网页内容粘贴到 Word 文档中。这时我们会发现网页内容与 Word 文档原有的格式、字体、行距等有很大的不同，而且网页中的各种样式、控制符等都会粘贴到 Word 文档中，如图 5-6 所示。

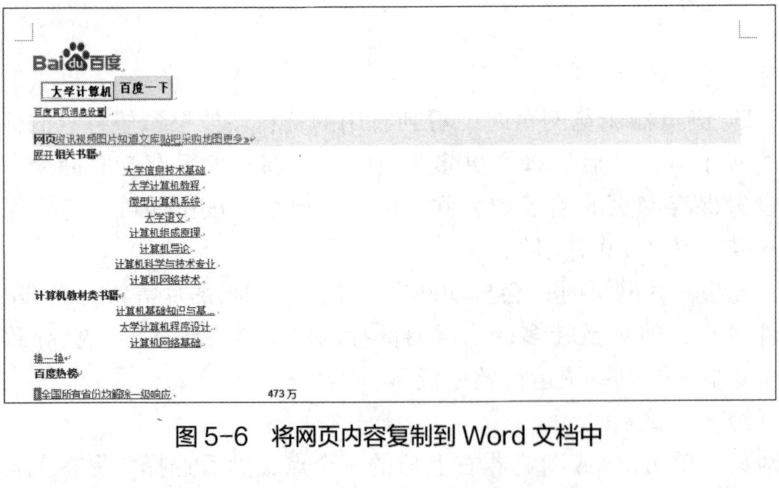


图 5-6　将网页内容复制到 Word 文档中

4. 解决复制文档格式混乱问题

（1）打开刚保存的网页文件，按快捷键 Ctrl+A 选中全部内容，按快捷键 Ctrl+C 复制网页内容；然后打开 Word 程序，新建一个空白文档，再按快捷键 Ctrl+V 将网页内容粘贴到 Word 文档中。再切换到刚刚打开的网页，选中网页中的图片或表格，按快捷键 Ctrl+C 复制；然后切换到 Word 文档，将光标移到图片或表格插入处，按快捷键 Ctrl+V 将图片或表格粘贴到 Word 文档中

（2）按快捷键 Ctrl+A 选中 Word 中的所有内容，单击“开始”选项卡“样式”组中样式栏右下角的下拉按钮，选择下拉菜单中的“清除格式”命令，如图 5-7 所示。这样，文档的行距、字体、图片和表格将变得规范起来。

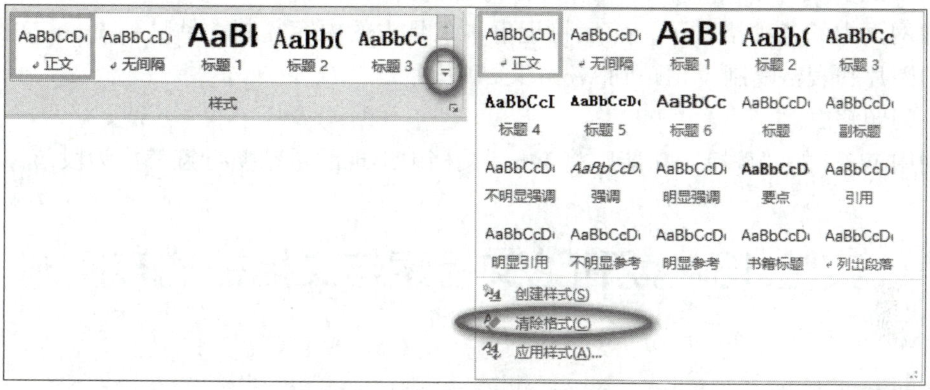


图 5-7　清除 Word 文档中的格式

（3）对于 Word 文档中的手动换行符，可以利用 Word 的“替换”功能消除。单击“开始”选项卡“编辑”组中的“替换”按钮，打开“查找和替换”对话框，在“查找内容”下拉列表框中输入“^l”（手动换行符），在“替换为”下拉列表框中输入“^p”（段落标记），如图 5-8 所示，然后单击“全部替换”按钮，即可消除文档中的全部手动换行符。

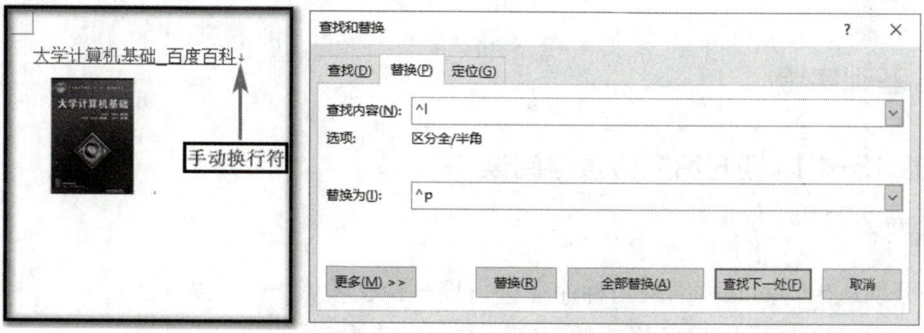


图 5-8　消除 Word 文档中的手动换行符

## 二、设计性实验

【实验 12-3】 利用搜索引擎检索指定主题的文献。

实验要求

利用百度搜索引擎查找“旅游”方面的相关资料，查找一个带有图片的网页文件，将

网页内容复制、粘贴到Word文档中，并清除各种不规范的格式。

实验提示

（1）明确需求。

掌握文档查找和文档格式转换的方法。

（2）解决方法。

利用Word的“清除格式”命令清除网页的原有格式，或利用记事本工具清除网页格式。

（3）设计步骤。

在网络上下载一个网页，将网页内容复制、粘贴到Windows的记事本工具中，这样就可以清除网页中的各种格式了，然后将记事本工具中的内容复制、粘贴到Word文档中，再将网页的图片和表格复制、粘贴到Word文档中。

（4）问题解决。

可利用Word的“替换”功能，将Word文档中出现的手动换行符替换为段落标记。

# 实验13　期刊论文检索与文档格式转换

## 实验目的

- 掌握从因特网进行期刊论文检索的方法。
- 掌握从校园网进行期刊论文检索的方法。
- 利用Adobe Acrobat将文件转换为PDF文档。
- 掌握在Office 2016中将Word文档转换为PDF文档的方法。

## 一、基础实验

### 【实验13-1】期刊论文检索与阅读。

实验要求

（1）分别从因特网和校园网两种途径进行期刊论文检索。

（2）下载CAJ格式和PDF格式的论文，并打开查看。

操作步骤

1. 从因特网进行期刊论文检索

（1）中国知网（China National Knowledge Infrastructure，CNKI）是目前中文信息量规模较大的数字图书馆，内容涵盖了自然科学、工程技术、人文与社会科学期刊、博硕士论文、报纸、图书、会议论文等公共知识信息资源。

（2）打开Edge浏览器，在地址栏中输入“http://www.cnki.net”，按Enter键即可进入中国知网主页，如图5-9所示。

（3）由于中国知网是一个有偿服务网站，因此个人用户需要首先注册交费，然后才能使用期刊查找服务。网站会给这些付费用户提供一个用户名和密码，单击中国知网主页右上角的“登录”按钮，就可以输入用户名和密码来登录了。

图 5-9　中国知网主页

2. 从校园网进行期刊论文检索

大部分高校都购买了中国知网的镜像服务，教师和学生直接从校园网就可以登录中国知网，无须使用用户名和密码。

（1）首先从校园网登录，选择“图书馆”栏目，打开中国知网，就可以进入中国知网的镜像站点。

（2）在中国知网镜像站点主页左上角“文献检索”栏目旁边的下拉列表框中选择按论文“篇名”检索，然后在“检索词”文本框中输入“人工智能”，按 Enter 键，如图 5-10 所示，这时就可以检索到论文名称中带有“人工智能”关键字的论文。

（3）在检查结果中选择需要下载的论文，如选择列表中的《人工智能的社会风险及其规避之道》。在网页的信息栏中会出现这篇论文的两种下载方式：CAJ 下载和 PDF 下载，如图 5-11 所示。右击其中一个下载方式，如“PDF 下载”，从快捷菜单中选择“将链接另存为”命令，即可将所选论文下载到本机指定位置。

中国知网的期刊论文主要以 CAJ 格式和 PDF 格式两种文件格式存储，因此，在用户计算机中需要预先安装好 CAJViewer（读取 CAJ 格式文件）或 Adobe Reader（读取 PDF 格式文件）软件。

Adobe Reader 是 Adobe 公司开发的用于打开 PDF 文档的工具，可以使用 Adobe Reader 查看、打印和管理 PDF 文档。在因特网上下载、安装 Adobe Reader 软件后，从 Windows 的资源管理器中找到下载的论文。如果计算机中已经安装了 Adobe Reader，双击 PDF 类型的文件，就可以打开这篇论文，如图 5-12 所示。

图 5-10　中国知网镜像站点论文检索

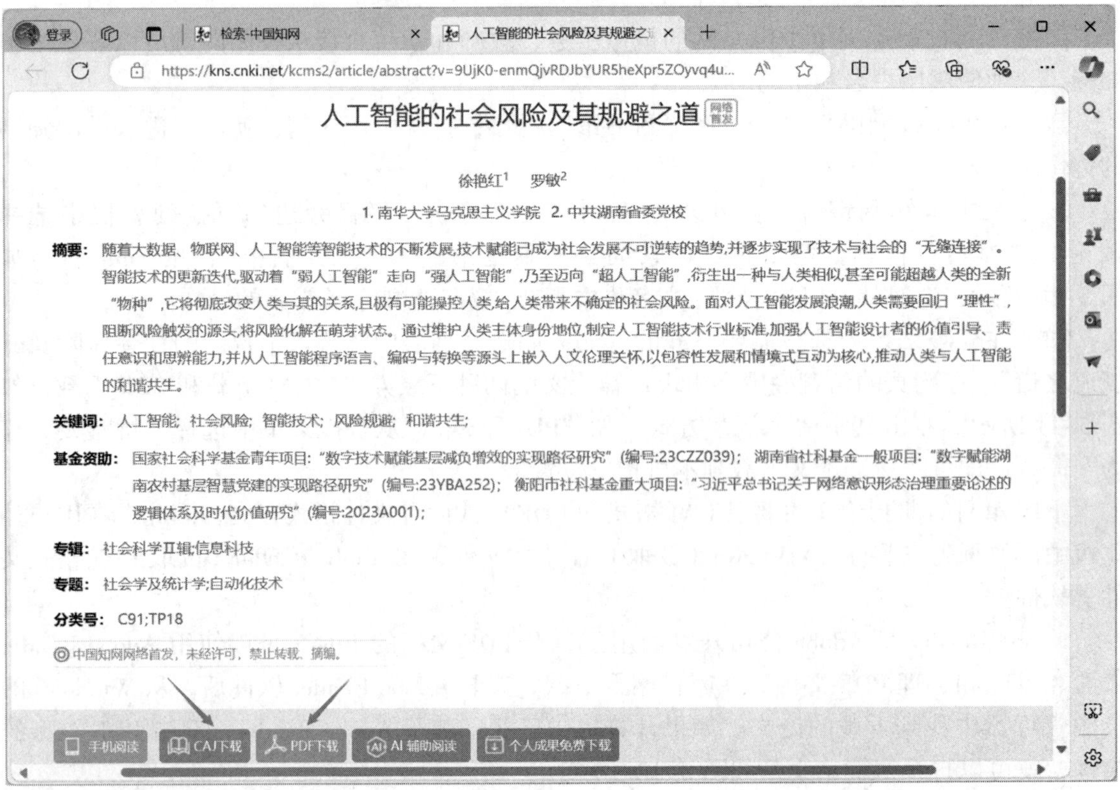


图 5-11　论文下载

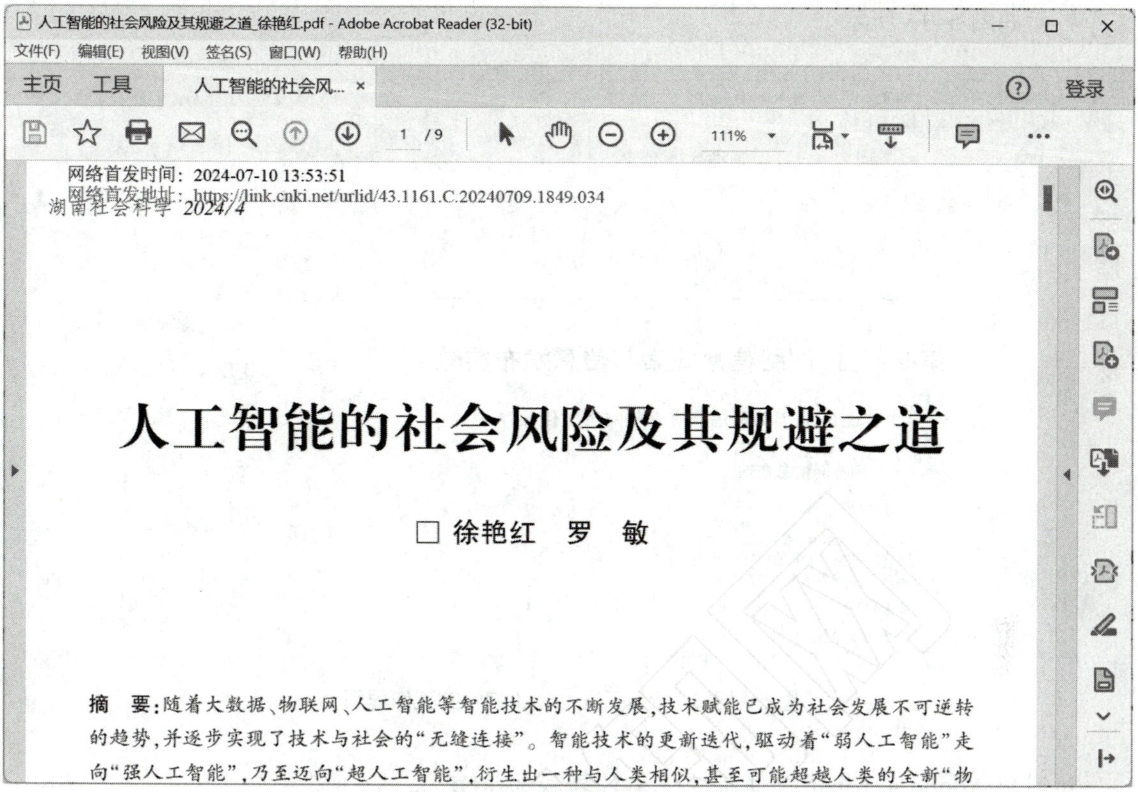


图 5-12　利用 Adobe Reader 打开论文

【实验 13-2】 不同文档格式的转换。

实验要求

（1）理解 PDF 文档的特征。

（2）利用 Adobe Acrobat 软件生成 PDF 文档。

（3）将 Word 文档转换为 PDF 文档。

操作步骤

1. PDF 文档的特征

PDF 文档使用 Adobe 公司开发的 PostScript（一种页面描述语言）语言进行文档格式描述，该语言内置于许多打印机中，大多数 Windows 和 Linux 操作系统中的应用程序都能创建供打印的 PostScript 文件。PostScript 语言目前已成为印刷出版业的专业格式化语言。

利用 Adobe Reader 虽然可以阅读 PDF 文档，但是无法创建 PDF 文档。创建 PDF 文档可以使用 Adobe 公司推出的 Adobe Acrobat 软件，这个软件较大（软件大小约为 180 MB），使用方法复杂，是一款专业性很强的出版编辑软件。

TXT、HTML、DOC、JPG 等格式的文档，均可以导入 Adobe Acrobat 软件中进行编辑。利用 Adobe Acrobat 软件，可以在 PDF 文档中插入图片、音频、视频、Flash 动画等多媒体素材，还可以对 PDF 文档设置水印、只读、不允许复制等版权保护。Adobe Acrobat 软件的工作界面如图 5-13 所示。

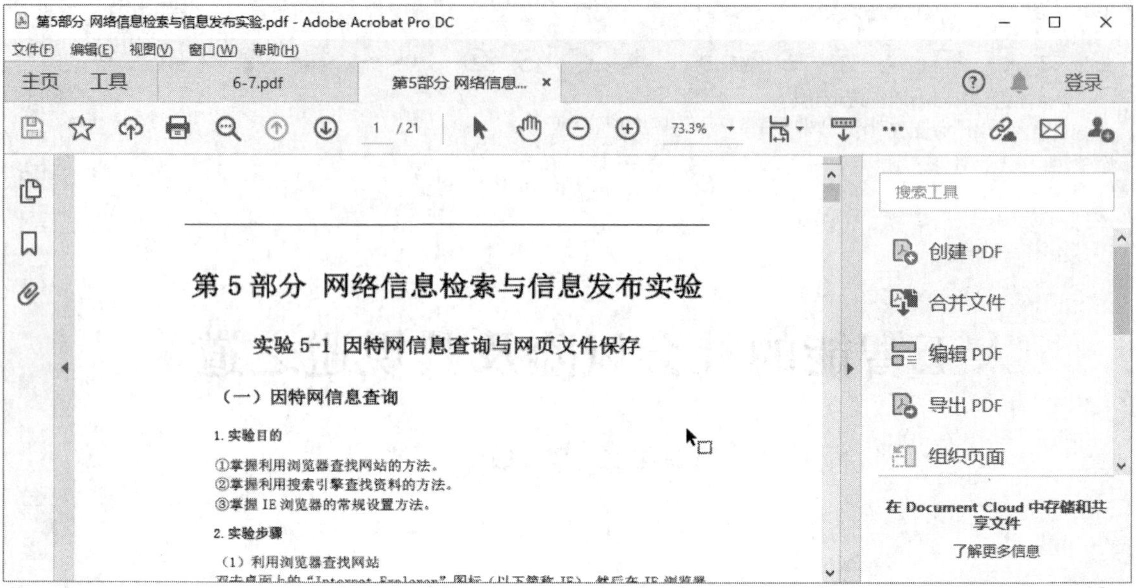


图 5-13 Adobe Acrobat 软件的工作界面

2. 利用 Adobe Acrobat 软件将其他文件转换为 PDF 文档

运行 Adobe Acrobat 软件，选择“文件”→“打开”命令，在弹出的“打开”对话框的“文件类型”中选择“所有文件（*）”，然后选择要导入的文件，单击“打开”按钮，就可以将文件导入到 Adobe Acrobat 软件中。在 Adobe Acrobat 软件中对文件进行编辑后，选择“文件”→“另存为”命令，打开“另存为 PDF”对话框，选择保存 PDF 文档的路径并输入文件名，单击“保存”按钮，就可以将其他文件保存为 PDF 文档了。

3. 利用 Office 2016 将 Word 文档转换为 PDF 文档

如果利用 Office 软件进行文档编辑，再将编辑好的文档（如 Word 文档）转换为 PDF 文档，那么这样文字处理工作就简单方便多了。Word 2016 具有直接将 Word 文档另存为 PDF 文档的功能，具体操作步骤如下。

运行 Word 2016，打开需要编辑的文档，然后单击“文件”按钮，在“文件”菜单中选择“另存为 Adobe PDF”命令，在打开的“另存 Adobe PDF 文件为”对话框中，选择 PDF 文档的保存位置并输入 PDF 文档名称，最后单击“保存”按钮即可，如图 5-14 所示。

完成 PDF 文档的保存后，如果当前系统安装了 PDF 阅读工具（如 Adobe Reader），则保存的 PDF 文档将会自动打开。

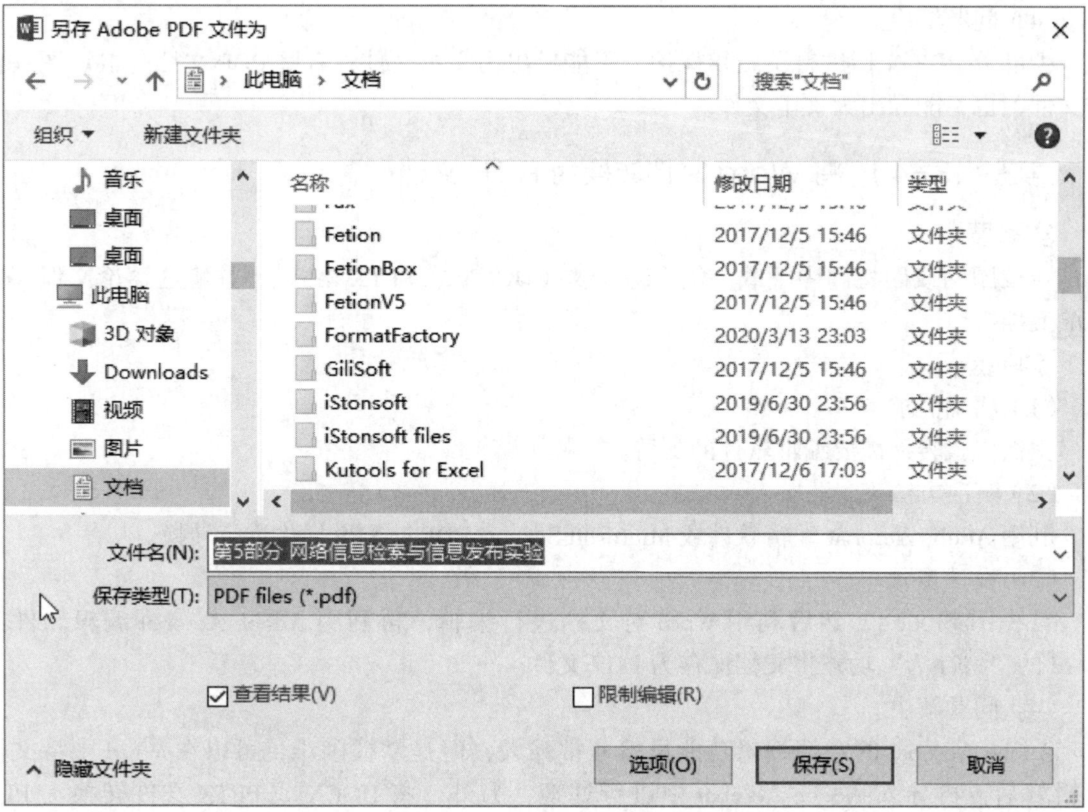


图 5-14　“另存 Adobe PDF 文件为”对话框

## 二、验证性实验

【实验 13-3】 利用文献数据库检索指定主题的文献。

实验要求

在校园网的期刊站点中，下载相关专业论文（PDF 格式）并将论文保存为文本文件（TXT 格式）。

实验提示

（1）明确需求。

撰写学年论文、毕业论文时，需要参考大量的期刊论文。充分利用高校的数字图书馆期刊论文库，是每个大学生必须掌握的基本技能。

（2）解决方法。

高校的数字图书馆一般会购买多个期刊数据库，这些数据库可以通过校园网内部进行访问（不对外网开放）。

（3）设计步骤。

首先确定课程论文的主题，然后登录学校数字图书馆，选择期刊论文库，在检索词栏目中输入关键字进行检索，也可以按篇名、作者等关键词进行检索，保存检索文件，最后利用编辑软件（如 Adobe Acrobat）将 PDF 文档导出为文本文档。

（4）问题解决。

少部分 PDF 文档进行了版权保护，不能导出为文本文件；有些 PDF 文档为 JPG 图片格式文件，也不能导出为文本文件。

### 【实验 13-4】 将 Word 文档转换为 PDF 文档。

**实验要求**

在校园网或因特网中下载一篇专业论文（DOCX 或 PPTX 格式），并将这篇论文保存为 PDF 文档。

**实验提示**

（1）明确需求。

文档格式转换需要编辑软件的支持。

（2）解决方法。

利用 Adobe Acrobat 编辑软件或 Microsoft Save as PDF or XPS 插件进行转换。

（3）设计步骤。

首先下载文档，然后利用 Word 对文档进行编辑，再利用 Adobe Acrobat 编辑软件或 Word 的“另存为”功能将文档保存为 PDF 文件。

（4）问题解决。

Adobe Acrobat 的文档编辑功能虽然非常强大，但是掌握困难，可以在 Word 中将文档编辑好后，再导入 Adobe Acrobat 中进行处理。另外，将 DOCX 或 PPTX 文件转换为 PDF 文件非常简单、方便，但是将 PDF 文件转换为 DOCX 或 PPTX 文件非常困难。虽然 Adobe Acrobat 编辑软件提供了这个功能，但是转换效果并不令人满意，其他转换软件也是如此。这是因为在很多 PDF 文档中，加入了版权保护、多媒体插入等功能，转换软件不一定支持这些功能；此外，PDF 文档采用 PostScript 描述语言进行文档格式描述，而 Word 文档采用经过微软公司改造的 XML（可扩展标记语言）页面描述语言进行文档格式描述，两个页面描述语言之间并不存在一一对应的关系。

# 实验 14 编写 HTML 网页

## 实验目的

- 掌握利用 Windows 记事本工具编辑 HTML（超文本标记语言）文件的方法。
- 掌握网页文件的显示方法。
- 掌握查看网页文件 HTML 源代码的方法。
- 熟悉规范的 HTML 标记方法。
- 了解 HTML 文件的基本语法规则。
- 了解网页页面标题的定义方法。
- 了解 HTML 的段落标签。

- 了解 HTML 字体设置标签。
- 了解 HTML 图片设置标签。
- 了解 HTML 超链接设置标签。
- 了解 <marquee> 标签的基本功能。
- 掌握滚动文字公告栏的设计方法。

## 一、基础实验

### 【实验 14-1】 编写简单的 HTML 网页。

#### 实验要求

编写一个最简单的测试网页，并能在浏览器中正常显示。

#### 操作步骤

（1）在 Windows 10 操作系统中选择“开始”→“Windows 附件”→“记事本”命令，打开记事本工具。

（2）在记事本工具中，输入以下 HTML 代码。

```
<h1> 这是一个最简单的测试网页 </h1>
```

（3）选择“文件”→“另存为”命令，在弹出的“另存为”对话框中选择文件保存位置为“桌面”，输入文件名“test.html”，保存类型为“所有文件（*.*）”，如图 5-15 所示，单击“保存”按钮。

**注意：**应先选择文件类型再输入文件名。

图 5-15 “另存为”对话框

（4）在桌面上双击 test.html 文件，测试网页显示效果，如图 5-16 所示。

（5）在 Edge 浏览器中，在网页任意空白处右击，在弹出的快捷菜单中选择“查看页面源代码”命令，网页源代码如图 5-17 所示。

图 5-16　测试网页显示效果

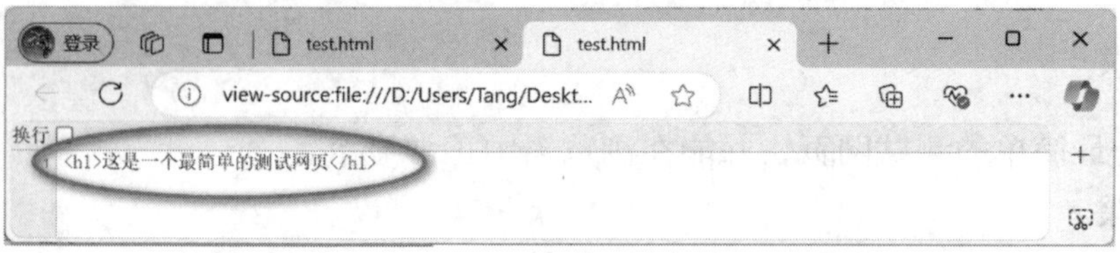


图 5-17　网页源代码

## 【实验 14-2】 编写规范的 HTML 网页。

### 实验要求

使用基本的 HTML 标签，编写一个包含标题、段落、图片、超链接的网页。

### 操作步骤

（1）打开记事本工具，输入图 5-18 所示的 HTML 代码。

| | |
|---|---|
| <HTML> | 标记 HTML 文档开始 |
| <HEAD> | 标记页面首部开始 |
| <TITLE> 测试 </TITLE> | 定义网页标题为“测试” |
| </HEAD> | 标记页面首部结束 |
| <BODY> | 标记页面主体开始 |
| <P style="font-size:16px;"> | 开启段落，并设置字体大小，16 px 表示文字大小为 16 像素 |
| <br> 欢迎光临我的主页 | <br> 表示换行 |
| <br> 段落中，一行文字太多 | 字数太多时，可以回车换行 |
| 时，可以回车换行 | 这一行显示时，会紧接上一行的文字 |
| <br> 这就是我： | <br> 表示换行 |
| <IMG SRC=rw.jpg> | 显示本网页目录下的 rw.jpg 图片 |
| <br> 我常去的网站： | <br> 表示换行 |
| <A href=http://www.baidu.com> 百度 </A> | 定义“百度”二字的超链接网址 |
| </P> | 段落结束 |
| </BODY> | 标记页面主体结束 |
| </HTML> | 标记 HTML 文档结束 |

图 5-18　HTML 代码

**注意**：图中右侧一栏的内容为注释，不需要输入。

（2）编辑完成后，将文件保存在“D:\Web”目录下，文件名为“index.html”。

（3）在“D:\Web”目录下，存放一个文件名为“rw.jpg”的图片文件。

（4）双击“index.html”文件，网页显示效果如图 5-19 所示

图 5-19　网页显示效果 1

## 【实验 14-3】 制作滚动文字公告栏。

### 实验要求

（1）学习 <marquee> 标签的基本功能。

（2）编写出带有滚动文字公告栏效果的网页。

### 操作步骤

1. <marquee> 标签的基本功能

制作滚动的公告文字需要用到 <marquee> 标签，格式为“<marquee 文字 ></marquee>”。在浏览器显示时，文字从右至左移动。<marquee> 标签具有以下重要属性。

（1）direction：移动方向，值为 left（左移）、right（右移）、up（上移）、down（下移）。

（2）behavior：移动方式，值为 scroll（循环移动）、slide（只走一圈）、alternate（来回移动）

（3）loop：指定循环次数，不输入或输入“-1”表示无限循环。

（4）height，width：移动区域的高度和宽度，单位为像素。

（5）scrollamount：移动速度的快慢，数值越大，则速度越快。

（6）scrolldelay：每移动一步之后的延时，单位为 mm。

（7）bgcolor：移动区域的背景色。

（8）onMouseOver = this.stop（）：鼠标覆盖时停止滚动。

（9）onMouseOut = this.start（）：鼠标离开时开始滚动。

2. 输入 HTML 代码

（1）打开记事本工具，输入图 5-20 所示的 HTML 代码。加粗部分为滚动内容。

```
<marquee direction="up" behavior="scroll" loop="-1" width="200" height="180" scrollamount="1" scrolldelay="1"
bgcolor=#FFFF00 onMouseOver=this.stop(); onMouseOut=this.start();
<B> 欢迎大家！ <BR>
<BR> 请各位同学第 3 周星期一上课时，把第 1 次作业一起带来。
<BR> 上课地点：理科楼 B215
<BR> 课件下载：
<BR>1: 学校网络课堂；
<BR>2: 教师 FTP 站点；
<BR>3: 教师 QQ 群。
<BR> 作业要求：
<BR>1: 请独立完成；
<BR>2: 不要抄书。
</marquee>
```

图 5-20 向上滚动文字公告栏的 HTML 代码

（2）编辑完成后，将文件保存在“D:\Web”目录下，文件名为“ggl.html”。双击“ggl.html”文件，就可以看到图 5-21 所示的部分显示效果了。

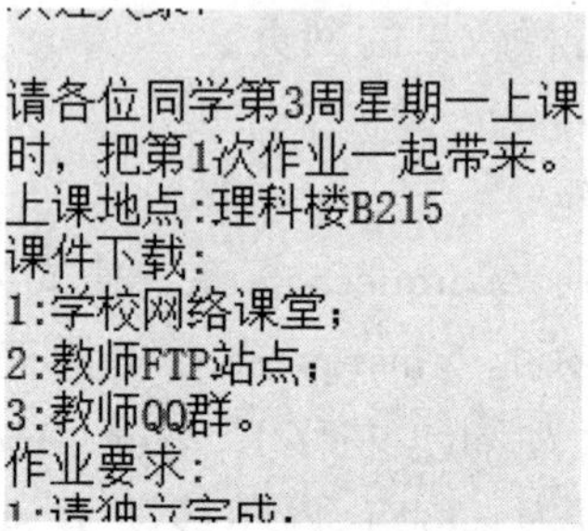


图 5-21 向上滚动文字公告栏的部分显示效果

## 二、设计性实验

### 【实验 14-4】 利用 HTML 编写简单网页。

实验要求

用记事本工具编写 HTML 代码。要求网页标题为“HTML 实验”；第一行文字为 20 pt、蓝色、黑体标题；以后的段落文字为 12 pt、宋体、黑色；在网页中插入图片；在网页中建立某个网站的超链接。网页显示效果如图 5-22 所示。

图 5-22　网页显示效果 2

## 实验提示

（1）明确需求。

在图 5-22 中，涉及标题文本、段落文本、字体类型、字体颜色、插入图片、文本超链接等问题。

（2）解决方法。

了解涉及以上问题的 HTML 标记，然后在文本编辑器中编写 HTML 代码，再利用浏览器测试网页。

（3）设计步骤。

在因特网上收集一个图片，利用 Windows 中的画图程序对图片的大小进行编辑，利用 Windows 中的记事本程序编写 HTML 代码，测试网页。

（4）问题解决。

HTML 网页设计中常见问题的解决方法如下。

- 如果网页不能显示，可能是文件保存时采用了记事本程序默认的文本文件（.txt）类型。
- 在保存网页时，文件扩展名一定为“.html”，保存类型要选择“所有文件”。
- 如果图片不能显示，可能是图片和网页没有保存在同一个目录下；或者是 HTML 代码中的图片路径设置错误；或者是图片扩展名错误；等等。